战场上的火力骨干

火炮

★★★★★ 　主编◎王子安　 ★★★★★

WEAPON

汕头大学出版社

图书在版编目（ＣＩＰ）数据

战场上的火力骨干：火炮 / 王子安主编. -- 汕头
: 汕头大学出版社，2012.5（2024.1重印）
ISBN 978-7-5658-0829-6

Ⅰ. ①战… Ⅱ. ①王… Ⅲ. ①火炮－普及读物 Ⅳ.
①E924-49

中国版本图书馆CIP数据核字(2012)第097924号

战场上的火力骨干：火炮　　ZHANCHANGSHANG DE HUOLI GUGAN ：HUOPAO

主　　编：王子安
责任编辑：胡开祥
责任技编：黄东生
封面设计：君阅书装
出版发行：汕头大学出版社
　　　　　广东省汕头市汕头大学内　邮编：515063
电　　话：0754-82904613
印　　刷：唐山楠萍印务有限公司
开　　本：710 mm×1000 mm　1/16
印　　张：12
字　　数：75千字
版　　次：2012年5月第1版
印　　次：2024年1月第2次印刷
定　　价：55.00元
ISBN 978-7-5658-0829-6

前　言

　　这是一部揭示奥秘、展现多彩世界的知识书籍，是一部面向广大青少年的科普读物。这里有几十亿年的生物奇观，有浩淼无垠的太空探索，有引人遐想的史前文明，有绚烂至极的鲜花王国，有动人心魄的考古发现，有令人难解的海底宝藏，有金戈铁马的兵家猎秘，有绚丽多彩的文化奇观，有源远流长的中医百科，有侏罗纪时代的霸者演变，有神秘莫测的天外来客，有千姿百态的动植物猎手，有关乎人生的健康秘籍等，涉足多个领域，勾勒出了趣味横生的"趣味百科"。当人类漫步在既充满生机活力又诡谲神秘的地球时，面对浩瀚的奇观，无穷的变化，惨烈的动荡，或惊诧，或敬畏，或高歌，或搏击，或求索……无数的探寻、奋斗、征战，带来了无数的胜利和失败。生与死，血与火，悲与欢的洗礼，启迪着人类的成长，壮美着人生的绚丽，更使人类艰难执着地走上了无穷无尽的生存、发展、探索之路。仰头苍天的无垠宇宙之谜，俯首脚下的神奇地球之谜，伴随周围的密集生物之谜，令年轻的人类迷茫、感叹、崇拜、思索，力图走出无为，揭示本原，找出那奥秘的钥匙，打开那万象之谜。

　　在现代立体化战争中，火力仍然是战斗力的核心。火炮以其火力强、灵活可靠、经济性和通用性好等优点，已成为战斗行动的主要内容和左右战场形势的重要因素。火炮既可摧毁地面各种目标，也可以击毁空中的飞机和海上的舰艇。因此，作为提供进攻和防御活力的基本手段，火炮在常规兵器中占有巩固的地位。

《战场上的火力骨干：火炮》一书收录了最为经典、最有代表性、最具影响力的火炮，讲述了火炮的基本知识与历史演变，以及中国火炮和世界各型号火炮的设计制造、性能特点等。该书不仅仅是一本科普读物，更是一本火炮家族的名炮列传。

此外，本书为了迎合广大青少年读者的阅读兴趣，还配有相应的图文解说与介绍，再加上简约、独具一格的版式设计，以及多元素色彩的内容编排，使本书的内容更加生动化、更有吸引力，使本来生趣盎然的知识内容变得更加新鲜亮丽，从而提高了读者在阅读时的感官效果。

由于时间仓促，水平有限，错误和疏漏之处在所难免，敬请读者提出宝贵意见。

2012年5月

目 录 / CONTENTS

第三章　中国火炮简介

第四章　世界著名火炮

第一章　火炮基本知识

　　早在春秋时期，中国已开始使用一种抛射武器——礮。至迟10世纪火药用于军事后，礮便用来抛射火药包、火药弹。至迟在元代，中国已经制造出最古老的火炮——火铳。1332年元朝就在部队中装备了最早的金属身管火炮：青铜火铳（口径105毫米，滑膛前装式火炮）。13世纪中国的火药和火器西传以后，火炮在欧洲开始发展。14世纪上半叶，欧洲开始制造出发射石弹的火炮。为了提高炮兵火力的适应性，现代火炮除配有普通榴弹、破甲弹、穿甲弹、照明弹和烟幕弹外，还配有各种远程榴弹、反坦克布雷弹、反坦克子母弹、末段制导炮弹以及化学炮弹、核弹（见核武器）等，使火炮能压制和摧毁从几百米到几万米距离内的多种目标。

　　火炮自问世以来，经过长期的发展，逐渐形成了多种具有不同特点和不同用途的火炮体系，成为战争中火力作战的重要手段，大量装备了世界各国陆、海、空三军。在现代立体化战争中，火力仍然是战斗力的核心。火炮是战场上的活力骨干，以其火力强、灵活可靠、经济性和通用性好等优点，已成为战斗行动的主要内容和左右战场形势的重要因素。火炮既可摧毁地面上的各种目标，也可以击毁空中的飞机和海上的舰艇。因此，作为提供进攻和防御活力的基本手段，火炮在常规兵器中占有稳固的地位。

火炮的主要分类

（1）按火炮的战略用途

按火炮的战略用途可以把火炮分为地面压制火炮、高射炮、反坦克火炮、坦克炮、航空机关炮、舰炮和海岸炮。其中地面压制火炮包括加农炮、榴弹炮、加农榴弹炮和迫击炮，在有些国家还包括火箭炮。反坦克火炮包括反坦克炮和无坐力炮。这里主要介绍地面压制火炮、海岸炮、高射炮、坦克炮四种。

①地面压制火炮

地面压制火炮是用于压制和破坏地面（水面）目标的火炮。包括加农炮、榴弹炮、加农榴弹炮、火箭炮、追击炮等。加农炮，身管长、初速大、射程远、弹道低伸，适用于对装甲目标、垂直目标和远距离目标射击。榴弹炮，身管较短、初速小、弹道较弯曲，适于对水平目标射击，主要用于歼灭、压制暴露的和隐蔽的（遮蔽物后面的）有生力量和技术兵器，破坏工程设施等。加农榴弹炮（简称加榴炮），具有加农炮和榴弹炮两种弹道特性。火箭炮，一次可发射一发至数十发火箭弹，具

有发射速度快、火力猛、机动性好等特点，主要用于射击面积目标。追击炮，初速小、弹道弯曲，主要用于歼灭近距离遮蔽物后的目标和射击水平目标。各种压制火炮在战斗中可构成平曲结合、远近结合的较完整的炮兵压制火力配系，压制和摧毁地面（水面）的多种目标。经过三十八年的建设，到1987年，人民解放军的地面压制火炮不但数量比较充足，而且性能较好，品种齐全。

　　②海岸炮

　　海岸炮简称岸炮，是指配置在沿海重要地段、岛屿和水道两侧的海军炮。海岸炮是海军岸防兵的主要武器之一，主要用于射击海上舰船、封锁航道，也可用于对陆上和空中目标射击。海岸炮有固定式和移动式两种。固定式海

岸炮一般配置在永备工事内；移动式海岸炮有机械牵引炮和铁道列车炮。按其口径、炮管数、防护结构、操作条件和射击性能不同，又有大、中、小口径岸炮，单管、双管、多管岸炮，炮塔岸炮，护板岸炮，敞开式岸炮，自动、半自动、非自动岸炮，平射岸炮，平高两用岸炮等区分。初期的海岸炮与陆炮相同，以后逐步发展成专用的海岸炮。20世纪初，海岸炮和舰炮统一了建造规格，统称为海军炮。现代海岸炮的口径一般为100～406毫米，射程为30～48千米，火炮连同指挥仪、炮瞄雷达、光电观测仪等组成海岸炮武器系统，能自动测定目标要

素，计算射击诸元，在昼夜条件下对目标射击。具有投入战斗快、战斗持久力强、不易干扰、射击死角小、命中概率高、穿甲破坏力强等特点，是海岸防御作战中的有效武器。

③高射炮

高射炮是指从地面对空中目标射击的火炮。它炮身长，初速大，射界大，射速快，射击精度高，多数配有火控系统，能自动跟踪和瞄准目标。高射炮也可用于对地面或水上目标射击。高射炮按运动方式分为牵引式和自行式高射炮。按口径分为小口径、中口径和大口径高射炮。口径小于60毫米的为小口径高射炮，60~100毫米的为中口径高射炮，超过100毫米的为大口径高射炮。小口径高射炮有的弹丸配用触发引信，靠直接命中毁伤目标；有的配用近炸引信，靠弹丸破片毁伤目标。大、中口径高射炮的

弹丸配用时间引信和近炸引信，靠弹丸破片毁伤目标。20世纪60年代以后，有些国家用地空导弹逐步取代了大、中口径高射炮。但由于地空导弹在低空存在射击死区，小口径高射炮仍获得发展。

④坦克炮

坦克炮是现代坦克的主要武器。坦克主要在近距离作战，坦克炮在1500～2500米距离上的射效高，使用可靠，用来歼灭和压制敌人的坦克装甲车，消灭敌人的有生力量和摧毁敌人的火器与防御工事。

坦克炮是由小口径地面炮演变而来的。现代坦克炮是一种高初速长身管的加农炮。坦克炮一般是由炮身、炮闩、摇架、反后坐装置、高低机、方向机、发射装置、防危板和平衡机组成的。炮身在火药气体的作用下，赋予弹丸初速和方向。炮口或靠近炮口部位（加粗部分）的抽气装置是坦克炮所特有的。当弹丸飞离炮口时，膛内压力迅速下降，抽气装置利用火药气体本身的引射作用把自身原有的火药气体从喷嘴排出，使喷嘴后的膛内形成低压区，从而可将炮膛内残存的火药气体排到膛外，以免废气进入战斗室，影响乘员战斗力。

坦克炮的身管管壁受太阳辐射、雨淋、风吹会产生温度梯度，致使身管弯曲，弹着点偏移。根据试验，某坦克105毫米火炮受阳光暴晒、身管的上下温度差达3.6℃时，炮口偏移2密位。因此，现代主战坦克炮一般都装有隔热套。有的隔热套是用两层玻璃纤维增强塑料，中间填以泡沫塑料制成的。有的隔热套是用绝缘材料或导热金属铝制成的单层同心套，以身管和同心套间的空气作为隔热层；也有的是用金属与绝缘材料相间排列套在身管外面。其中，后者的效果要相对好一些。隔热套能使火炮发射时产生的热量在身管四周均匀分布，减少身管变形，从而提高火炮的命中率。

（2）按弹道平伸或弯曲程度

按火炮的弹道平伸或弯曲程度可以把火炮分为加农炮、榴弹炮和迫击炮。

①加农炮

加农炮是指发射仰角较小、弹道低平、可直瞄射击、炮弹膛口速度高的火炮。常用于前敌部队的攻坚战中。严格意义上说，坦克炮也属于加农炮。加农炮是弹道低伸的火炮，属地面炮兵的主要炮种之一。主要用于射击装甲目标、垂

直目标和远距离目标。对装甲目标和垂直目标，多用直接瞄准射击；对远距离目标，则用间接瞄准射击。

加农炮主要由炮身、炮架、瞄准装置等部件组成。主要特点是身管长（一般为口径的40~80倍）、初速大（通常在700米／秒以上）、射程远（如152~155毫米加农炮的最大射程可达22~35公里）。按其口径可分为小口径加农炮（75毫米以内）、中口径加农炮（76~130毫米）和大口径加农炮（130毫米以上）；按运动方式和结构分为牵引式、自运式、自行式和运载式（安装在坦克、飞机、舰艇上）四种。反坦克炮、坦克炮、高射炮、航空炮、舰炮和海岸炮也属加农炮类型。使用弹种有杀伤榴弹、爆破榴弹、杀伤爆破榴弹、穿甲弹、脱壳超速穿甲弹、碎甲弹、燃烧弹等。它是进行地面火力突击的主要火炮。

②榴弹炮

榴弹炮是身管较短、发射仰角大、弹道较高而弯曲、不能直瞄射击而炮弹能飞越障碍物攻击目标的中程火炮，一般射程较加农炮远，常用于第二线的阵地上对最前线的火力支援和对敌阵的火力压制，适合于打击隐蔽目标和面积目标。弹道较弯曲，炮身较短，初速较小，

射角可达75度，用分装式炮弹，变装药号数较多，弹道机动性大，适于对水平目标射击。

榴弹炮是地面炮兵的主要炮种之一，口径较大，杀伤威力大，并可打击山背后的目标。最早的榴弹炮时起源于15世纪意大利、德国的一种炮管较短、射角较大、弹道弯曲、发射石霰弹的滑膛炮。16世纪下半叶出现了爆炸弹。17世纪，在欧洲正式出现了榴弹炮的名称，它是指发射爆炸弹、射角较大的火炮，最先装备榴弹炮的是由荷兰裔士兵组成的英国部队。榴弹炮在19世纪开始采用变装药，一次大战时炮身长为15～22倍口径，最大射程达14.2公里。二次大战中，炮身长为20～30倍口径，最大射程达18公里，初速为635米/秒，最大射角65度。20世纪60年代以来，榴弹炮已发展到炮身长为口径的30～44倍，初速达827米/秒，最大射角达75度，发射制式榴弹，最大射程达24500米，发射火箭增程弹最大射程达30000米。由于榴弹炮的性能有了显著提高，能执行同口径加农炮的任务，因而有些国家已用榴弹炮代替加农炮。

榴弹炮弹道较弯曲，弹丸的落

角很大，接近沿铅垂方向下落，因而弹片可均匀地射向四面八方。榴弹炮可以配用燃烧弹、榴弹、特种弹、杀伤子母弹、反坦克布雷弹、反坦克子母弹、末制导炮弹、化学炮弹、核炮弹、碎甲弹、制导弹、增程弹、照明弹、发烟弹、宣传弹等多种弹药，采用变装药变弹道可在较大纵深内实施火力机动。

③迫击炮

迫击炮是对遮蔽目标实施曲射的一种火炮，多作为步兵营以下分队的压制武器。它的弹道弯曲，炮身短，初速小，射角为45～85度，使用多种变装药。其最大本领是杀伤近距离或在山丘等障碍物后面的敌人，用来摧毁轻型工事或桥梁等，也可用于

迫击炮自问世以来就一直是支援和伴随步兵作战的一种有效的压制兵器，是步兵极为重要的常规兵器。如今，走过百年的迫击炮更像一个顽固的"老人"，冷眼看待各种高新技术兵器争奇斗艳，而自己却静静地占据着陆军装备的一席之地。

施放烟幕弹和照明弹。迫击炮的名称源于两方面：一是操作简便，弹道弯曲，可迫近目标射击，几乎不存在射击死角；二是炮弹从炮口装填后，依靠自身质量下滑而强迫击发，使炮弹发射出去。

（3）按运动方式

按火炮的运动方式可以把火炮分为自行火炮、牵引火炮、骡马挽曳火炮和骡马驮载火炮。下面主要介绍以下自行火炮的特点。

自行火炮是同车辆底盘构成一

体自身能运动的火炮。自行火炮越野性能好，进出阵地快，多数有装甲防护，战场生存力强，有些还可浮渡。自行火炮的使用，更有利于不间断地实施火力支援，使炮兵和装甲兵、摩托化步兵的战斗协同更加紧密。

自行火炮主要由武器系统、底盘部分和装甲车体组成。武器系统包括火炮、机枪、火控装置和供弹装填机构等。为减小炮身后坐量，多采用效率较高的炮口制退器；为减少战斗室内的火药燃气，炮身上装有抽气装置；为提高射速和减轻装填手的劳动强度，多采用半自动或全自动供弹装填机构。底盘部分包括动力装置、传动装置、行动装置和操纵装置，通常采用坦克或装甲车辆底盘，有的则是专门设计的。车体的装甲材料主要有钢质和铝合金两种，厚度一般

为10～50毫米，前装甲较厚，其他部位较薄。

自行火炮除按炮种分类外，还可按行动装置的结构形式分为履带式、轮胎式和半履带式；按装甲防护可分为全装甲式（封闭式）、半装甲式（半封闭式）和敞开式。全装甲式车体通常是密闭的，具有对核武器、化学武器和生物武器的防护能力。

自行火炮出现于第一次世界大战期间。第二次世界大战时，随着坦克的普遍使用，自行火炮作为有力的支援武器，得到了迅速发展。这一时期的自行火炮主要是反坦克炮，炮塔为固定式，方向射界很小。战后，美、苏等国均重视自行火炮的发展，研制和装备了多种类型的自行火炮，并不断地改进其战术技术性能。美国在20世纪

50年代制造的M44式155毫米自行榴弹炮，身管长为口径的23倍，射程14600米，炮塔为敞开式，方向射界60度，采用汽油发动机，最大行程120～150公里；60年代改型为M109式，采用全装甲防护、密闭式旋转炮塔，改用柴油发动机，行程增大到360公里；70年代又改型为M109A1式和M109A2式，身管长为口径的39倍，射程达18000米。自行火炮的发展目的是在提高火炮性能的同时，进一步改进发动机，选用或设计更加合理的底盘，延长其使用寿命，改善操纵和维修性能。

（4）按炮膛结构

按火炮

的炮膛结构可以把火炮分为线膛炮和滑膛炮，炮膛内刻有一圈一圈螺旋线的称线膛炮，炮膛光滑无膛线结构的称滑膛炮。

①线膛炮

线膛炮是以发射药为能源发射弹丸，口径在20毫米以上的身管射击武器。线膛炮炮管内刻有不同数目的膛线，能有效保证弹丸的稳定性，提高射程。现代大多数炮都是线膛炮。

②滑膛炮

滑膛炮炮管内没有膛线，一般这种炮的口径不会很大，但是它可以发射炮射式导弹且造价低。

滑膛炮与线膛炮的主要区别就在于膛线，而膛线的主要作用在于赋予弹头旋转的能力，使得弹头在出膛之后，由于向心力的作用，仍能保持既定的方向，以提高命中率。早期的枪炮基本都属于滑膛炮，因为在炮管内加铸膛线是较为困难的制作工艺。在18世纪初，随着制造工艺的改进，线膛炮开始得到发展，由于在命中率上的大幅度

提高，线膛炮就逐渐取代了滑膛炮的地位。1918年，英国研制出了81毫米迫击炮，在迫击炮的这一家族中，由于其发射时需要借自重滑向火炮膛底，触及膛底击针后点燃发射药包炮弹飞离炮口这一特性，因而始终采用滑膛炮管。除此之外的大部分火炮都采用线膛炮管。

目前世界各国坦克家族中，西方国家基本上都采用120毫米滑膛炮，其中以德国莱茵金属公司120毫米RH滑膛炮系列最为出众，几乎成为西方第三代主战坦克的通用火炮。而前苏联开发的2A46系列

125毫米滑膛坦克炮也天下闻名，该炮的列装数量超过了10万门。

目前我国装备的滑膛火炮主要有125毫米和120毫米。前者有48倍口径和50倍口径两个系列，是在前

苏联T72主战坦克的2A46式125毫米滑膛炮基础上研制开发的，但是从官方公布的数据显示看，很明显已经超越了原型炮。目前我国较先进的96/99系列主战坦克均采用这种火炮。而120毫米系列则主要装备在89式自行反坦克车上。

火炮的基本结构

确切地说，现代火炮是一个由弹药、发射装置与瞄准系统三大部分组成的武器综合系统。这个系统的主体是发射装置，习惯上都称其为"火炮"。为了区别于我们平时的习惯称呼，常将上述三部分合称为"火炮系统"或"火炮总体"。为了使用和研究方便，有时又将火炮系统概括为火力系统、火力控制系统与运行系统三大部分。

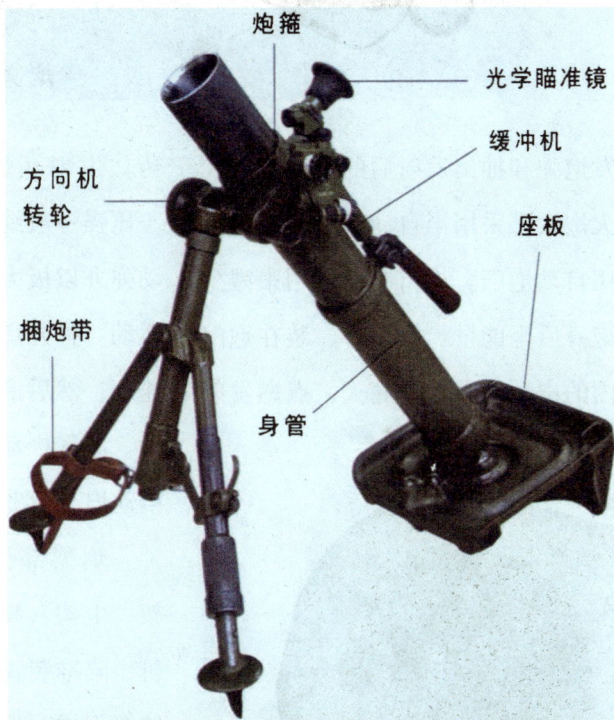

部分由身管、炮尾、炮闩和炮口制退器组成。身管用来赋予弹丸初速及飞行方向，并使弹丸旋转（滑膛

炮箍
光学瞄准镜
缓冲机
座板
方向机转轮
捆炮带
身管

火炮通常由炮身和炮架两大部组成，以加农榴弹炮为例：炮身

炮的弹丸一般不旋转）。炮尾用来盛装炮闩。炮闩用来闭锁炮膛、击

解脱销
炮箍环
提把
叉座
炮尾
炮杆
身管
撞针

炮身各部位说明图

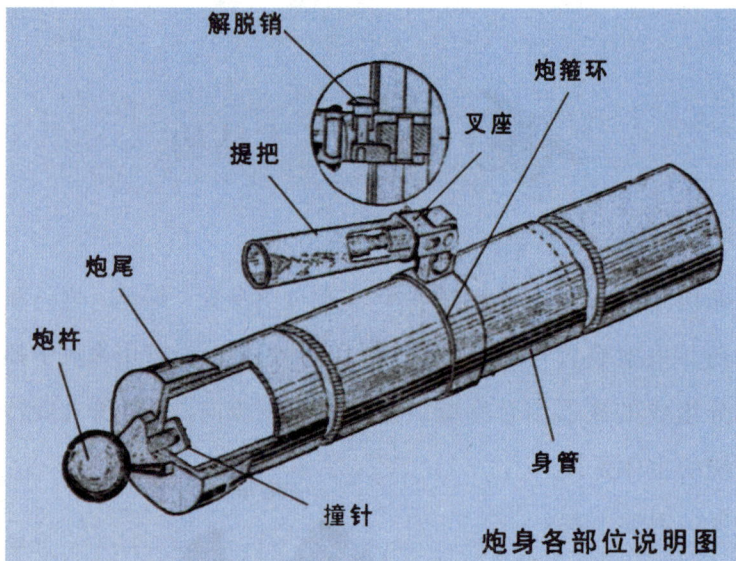

发炮弹和抽出发射后的药筒。现代火炮大都采用半自动炮闩，有的采用自动炮闩。炮口制退器用来减少炮身后坐能量。发射时，装在炮闩内的击针撞击炮弹底火，点燃发射药。发射药燃烧产生大量的燃气（压强一般约为3×105千帕），推动弹丸以极大的加速度沿炮膛向前运动。弹丸离开炮口瞬间获得最大速度，然后沿着一定的弹道飞向目标。燃气推动弹丸向前运动的同时推动炮身后坐。

炮架部分由反后坐装置、摇架、上架、高低机、方向机、平衡机、瞄准装置、下架、大架和运动体等组成。反后坐装置包括驻退机和复进机。驻退机用来消耗炮身后坐能量，使炮身后坐至一定距

离而停止。复进机用来在炮身后坐时贮蓄能量，后坐终止时使炮身复进到原来的位置。在后坐运动中，由于反后坐装置的缓冲作用，炮身传到炮架上的力大为减少，约为燃气作用于炮身轴向力（炮膛合力）的1/30至1/5。摇架是炮身后坐、复进的导轨，也是起落部分（包括炮身、反后坐装置和摇架）的主体。摇架以其耳轴装在上架上，借高低机作垂直转动。上架是回转部分的主体，以基轴装在下架上，借方向机作水平转动。高低机和方向机使炮身在高低和方向上转动。高低机装在摇架和上架之间，方向机装在上架和下架之间。平衡机使火炮起落部分在摇架耳轴上保持平衡，使高低机操作轻便。瞄准装置由瞄准具和瞄准镜组成，用来根据火炮射击诸元实施火炮瞄准。下架、大架和运动体，射击时支撑火炮，行军时作为炮车。

 # 中国古代火炮

◇ 古代祭祀炮神风俗

对现代的人们来说，大炮早已是家喻户晓的东西，连3岁的孩童，对大炮也不会感到陌生。可是在古代，大炮对于一般人来说还是非常神秘的，令人捉摸不透，于是人们把它尊为"神"。

中国历史上把火炮当作"神"来祭祀是从1332年中国元朝开始的。有一天，一个叫做克呀景充甫的人在鸣皋山（现河南省东北陆浑山东面的九皋山）下，建了一座"炮神庙"，把大炮当神供在了庙里，还叫他儿子请了一个名叫王沂的汉族士大夫写了一篇文章，来记载为什么建这座炮神庙。

到了明朝，祭炮的风气就更盛了！据明朝史书记载，在1604年的时候，也就是明朝万历三十二年，明军与荷兰军队在海上相遇，发生了激烈的战斗，荷兰人当时就使用了大炮。那大炮两丈多长，人们称它为"红夷炮"，也称"红衣炮"。只见一缕青烟升起，明军的船和人就无影无踪了，而荷兰人却不折一兵一卒，得意洋洋地扬帆而去。后来，在一次明朝军队和荷兰舰队的交锋中，明军终于缴获

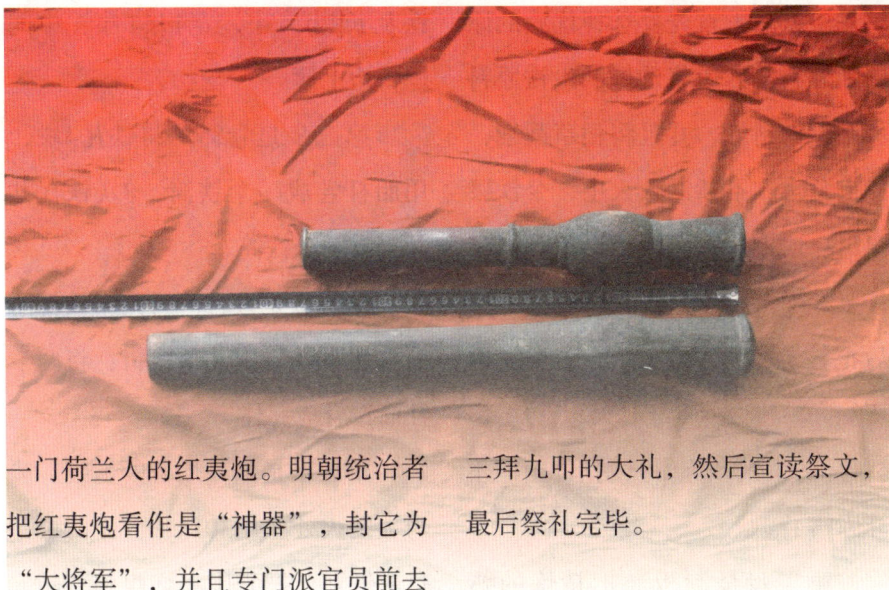

一门荷兰人的红夷炮。明朝统治者把红夷炮看作是"神器"，封它为"大将军"，并且专门派官员前去祭祀。

而把大炮神化到登峰造极的地步的就要算清朝了。清朝皇帝正式下令，封"红衣发贲之神"为诸炮"总领"。1736年，清政府重新修复了北京德胜门外的既济庙，用来祭祀炮神。1733年，清政府规定每年9月1日在宛平县卢沟桥北沙锅村祭炮，八旗汉军都统都要去承祭。祭祀时，把大炮供在祭坛内，前面摆一只羊、一只猪，还有香案。由都统做承祭官，副都统以下的官员陪祭。祭祀的人跑到炮的前面，行

三拜九叩的大礼，然后宣读祭文，最后祭礼完毕。

◇ 古代火炮的制作方法

火炮的制造十分复杂，火炮的制造工艺对火炮的效力发挥非常关键。中国古代火炮的制造技艺先进，技术精湛，可分为打造法和铸造法两种。

（1）打造法

第一步是把生铁精炼成熟铁。

精炼生铁时，首先要选择优质的原料和燃料。然后将选好的生铁原料放在炉内精炼，并且将稻草截细，掺上黄土，不断洒入火中，令铁屎自出。这样炼五六火，再用黄土和作浆，加入稻草，浸一两晚上，然后把铁放入浆内，过半天取出再炼。每一炉要炼到十火以上，把5~7斤的生铁，炼得只剩下1斤，才算炼熟了。

第二步是制板。把精炼的熟铁打制成铁块，然后把铁板分作8块，再将小铁板打成瓦样，每一块铁瓦长1尺4寸，宽1尺1寸，中间厚，边上薄。

第三步是卷筒。将铁瓦4块，用胎杆卷成一个铁筒，8块铁瓦共卷宗成两个铁筒。

第四步是接合。将两个铁筒的筒端切整齐，用几个铁钉，将两个铁筒接合成一体。

第五步是加厚炮身的炮腹、装药、发火处。用30斤铁分作两块，打成铁瓦，把它围在炮腹和装药、发火的地方，加厚这些地方，使其坚固。

第六步是制成炮的粗坯后，吊装上架。上架后，要用墨线吊准，不能有分毫偏差。然后用钢钻把膛内铣得又光又圆，连膛内的灰渣都要用药水清除得干干净净。

第七步是安装火门，在炮身上锉出照门和护门。

这样，一门火炮就打制成功了。

（2）铸造法

铸造法的第一步是制模。用非常干的楠木或杉木，按照炮体样式，制成炮模。炮模的两头要长出一尺多，做成轴头，轴头上加铁转棍，然后将炮模安置于旋架之上，以便旋转上泥。炮模做成以后，再将炮耳、炮箍、花头字样的模子安装上去，并且用细罗过了的煤灰把炮模均匀地涂刷一层，干了以后再用上好的胶黄泥和筛过的细沙，二八相掺，调合成泥，并把羊毛抖开，掺到泥里，和匀后作"经"。

泥调好以后，把它涂糊在炮模上，然后将转棍转动，用圆口木荡板，蘸水荡平候干。待干后，照前法再上泥。待上泥到一定厚度后，用粗条铁线，从炮模的头部密缠至尾部，缠完后照刚才的办法再上泥。等上到快达到要求的厚度后，就用指头大的铁条，比照炮模的长短，长的多用，短的少用，均匀地摆放在炮模上作骨架。随后用1寸宽、5分厚的铁箍，从炮模头部至尾部，均匀地箍在铁条之外。然后再上泥，上

完荡匀。等彻底干透后，再将木芯取出，把炭火放进泥模内，一方面是为了烧干泥模，另一方面是为了把炮耳、炮箍及花头字样等件烧化成灰。等冷却后，扫出灰渣，把木模底安放好，再安尾珠。然后再上泥，干了以后，取出木炮模底，再用炭火烧化尾珠，完全冷却后，等着下窑铸造。与此同时，用铁打制成模心，长短和火炮的内径长度相等，大小是火炮内径的一半，也同样上好泥，干了以后好用。

第二步是安放炮模和模心。炮模轻的有几千斤，重的有几万斤，炮心也十分笨重。要靠简单机械的帮助，先放好炮模，然后再把模心安装在炮模里，将下口塞紧，四周用干土垫好。

第三步是炼料配料。不管是用生铁还是用铜，都要先进行提炼，然后浇铸成三五斤一块的薄片，等着浇入大炉内铸造用。

第四步是化铜（铁）浇注。将精炼的铜（铁）放入预先用砖砌好的灶池形化铜浇注炉内，然后用大火将铜（铁）催化成汁，再逐渐添

铜（铁）。等到铜（铁）汁全部化清，如油如水，上面冒起金花绿焰之时，便引出铜（铁）汁，渐渐放入模内，等注满木模，就算浇铸完毕。

第五步是起心。待炮铸成3天内，将模心摇松；到第5天，把模心取出；第8天将土挖开，把炮放倒，两头垫起2尺来高，把模子上的泥打去，扫干净，炮身就铸好了。

第六步是看膛。就是用一定的方法，检查膛内是否光润，膛内光洁才是好炮。

第七步是齐口。炮铸好后，炮口凹凸不平，必须齐口，使炮口齐整光滑。

第八步是铉膛。将镟刀扦入炮口，把火炮内膛镟得极为光滑。

第九步是钻火门。大炮的位置是否适当，关系到火炮的使用。所以要比照内膛尺寸，紧挨炮底，用纯钢粗钻，蘸油钻好火门，火门必须与炮底平行，才算合适。

火炮炮身全部加工完毕了，最后把其安装在炮车上，就可以推出去参加战斗，驰骋疆场了。

历史上的著名火炮

◇ 世界领先的青铜大炮

1970年5月，人们在发掘黑龙江省阿城县阿什河畔的半拉城子的古物时，发现了一件新奇的东西，这是用青铜做成的管形武器，上面刻着"×"形记号，长34厘米，重3.5千克，还分前膛、药室、尾鉴三部分，上面还有一个安装引线的小孔。据考证，这是公元1290年以前的铜火铳。这件出土的铜火铳是我国也是目前世界上发现最早的金属管形武器。

1974年8月，在西安东关景龙池港南口外的建筑工地施工的时候，工人们又挖掘出一件铜手铳。铜手铳长26.5厘米，重1.78千克，铳体也分为三个部分，药室内还装着黑火药！专家们认为，这是13世纪末14世纪初元代的遗物。

不过，这都不是炮，因为它们都太小了。铜火铳用手拿着就可以发射，而铜手铳，小得可以装到衣袋里或藏入袖中，但是有一点，它们说明当时的火器已经开始用青铜来制造了。

真正的青铜火炮陈列在北京的中国历史博物

馆里。这尊青铜火炮是元至顺三年（公元1332年）铸造的。它是目前我国留存下来的最早的金属火炮实物，也是世界上留存下来的铸造年代最早的金属火炮实物。这尊铜火炮比欧洲现存的最古的火炮还要早500年。

这尊青铜大炮的炮筒中部盖面上镌刻着"至顺三年二月吉日绥边讨寇军第三佰号马山"三行铭文。炮重6.94千克，长35.3厘米，口径10.5厘米，炮身下部有一引火孔，尾底径7.7厘米，尾部两侧各有一个2厘米的方孔。从炮的口径和长度可以看出当时装填的火药较多，弹丸也较大，发射时要放在木架上，这是一门真正意义上的早期大炮。

还有一尊铜大炮，现陈列在河北省博物馆里，它是1961年在河北省张家口市发现的。这尊炮的炮身盖面上刻有"×"记号，长38.5厘米，炮口内径12厘米，它和出土的明朝初年的大碗口筒炮十分相似，专家们认为这尊大炮可能是元末明初的大碗口筒炮。

这些铜火炮构造都比较简单。

从外形看，只是一个简单的长圆筒，和原来用巨竹筒制成的火炮没有多大差别。火炮一般由炮筒、药室和尾鉴三个部分组成，为了强固炮身，在每一部分上都加了几道箍。炮的药室位于炮筒的后部，药室的外径比炮口的外径大许多，这样就增大了药室的容量，射出的弹丸飞得又快又远。再加上有了木架发射装置，使得炮身转动灵活，往哪儿打都很方便。

青铜火炮的出现，是大炮发展的新起点，也是后代大炮的祖先。前面说的发现的至顺三年的青铜炮上刻着"三佰号"的字样，说明这支戍边部队至少已经有了300门炮

了。到了元朝末年，连农民起义军都大量使用青铜炮了。

元至正十九年（公元1359年），朱元璋的将领胡大海和张士诚的将领吕珍在越州（现在的浙江绍兴）打了起来。胡大海带兵攻打稽山门，冲上了春波桥，他的一个统帅姓蔡，正在指挥士兵作战，突然一炮飞来，蔡统帅立刻仆倒在地，一命呜呼了。胡大海的部队也有炮，战斗中，一炮飞去，炸断了吕珍的总管钱保的手臂。

据记载，张士诚的弟弟张士信也是在平江（现在江苏苏州）被"飞炮"击中而死的。从此，人们对青铜大炮更是佩服得五体投地。

◇ 佛郎机 "大将军"

人们把葡萄牙人的大炮叫做"佛郎机"。"佛郎机"这个词本来是土耳其人、阿拉伯人对欧洲人的一种称呼，因为人们不会读"法兰西"这个词，就读成了"佛郎机"。而葡萄牙是欧洲最早扩张到东南亚的国家，于是，中国人就把葡萄牙叫做"佛郎机"。后来，西班牙人也接踵而来，人们区别不清楚葡萄牙人和西班牙人，就统统称为"佛郎机"。由人及炮，葡萄牙人的火炮也被人们称作"佛郎机"了。

在明正德十二年（公元1517年），葡萄牙人安拉德率领装有胡椒等货物的商船开到了屯门岛，他们不顾明朝的禁令，直驶广州怀远驿，当时负责海道事务的广东佥事顾应祥出面与他们交涉，葡萄牙人退回了屯门岛，同时献上了一门佛郎机。这门佛郎机有五六尺长，长脖子，粗肚子，炮腹有长孔，有5个子铳，可轮流装药和施放，射程约百余丈。不过这门佛郎机只适用于海战，守城也可以用，但用来攻城，就不行了，这也是中国人得到的第一门洋炮。

佛郎机炮仿制成功后，马上就发挥了威力。明正德十六年（公

元1521年），在汪鋐率兵攻打葡萄牙人占领的屯门的时候，就用上了它。葡萄牙人做梦也没想到，中国军队居然有了这么厉害的大炮，他们被打得措手不及，慌忙逃窜，中国军队收复了屯门，缴获了大小洋炮20多门。

由于佛郎机炮的强大威力，人们将它称为"大将军"。

由于佛郎机炮比明朝原有的火炮装填便利，发射速度快，而且装有瞄准器，命中率高，因此，明朝政府开始仿制佛郎机炮。到了明嘉靖十五年（公元1536年），光是分发给陕西三边的仿制的铜铁佛郎机炮就有2500尊，等到第二年（公元1537年），又发给他们熟铁小佛郎机炮3800尊，可见当时的火炮制造数量之大。

后来，中国人对佛郎机炮又加以改造，造出了更新的火炮。这些火炮的出现，标明了明代在吸收了西洋技术之后，对火炮的制造有了进一步的发展。

◇ **闻名世界的"巴黎大炮"**

巴黎是法国的首都，素来以时装和化妆品闻名世界，可是谁也想不到，有一门大炮却和巴黎结了缘，被人们称作"巴黎大炮"，这是怎么回事呢？这还得从第一次世界大战说起。

1914年开始的第一次世界大战，以德、奥为一方的同盟国和以英、法、

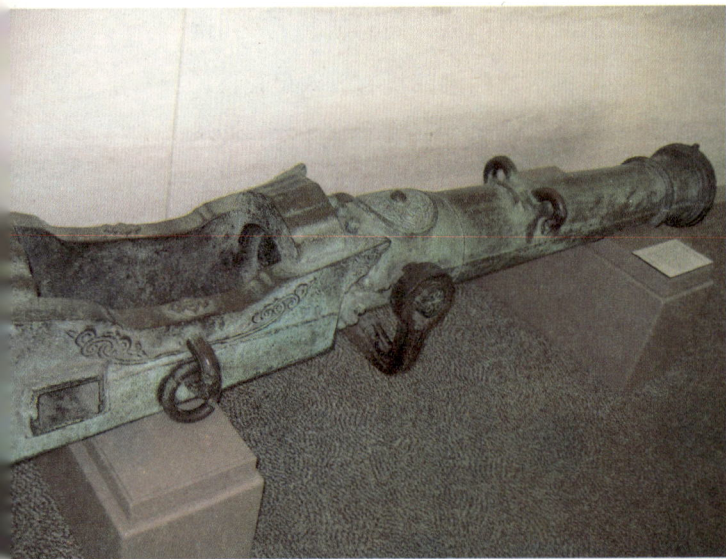

俄为另一方的协约国打得难分难解，一直到1918年11月11日，德军正式投降，战争才宣告结束。

就在战争将要结束的1918年3月23日的清晨，一阵刺耳的啸叫声划破了长空，紧接着，在巴黎市中心的塞纳河岸上响起了剧烈的爆炸声；15分钟后，离塞纳河不远的查尔斯五世大街又是一声爆炸；又过了15分钟，巴黎东车站附近的斯塔布尔林萌大道上也响起了爆炸声。就这样，爆炸声有节奏地响着，每隔15分钟一次，一直到下午两点钟，一共响了21次。

这一连串的爆炸声，响彻了巴黎上空，震撼着巴黎大地。巴黎的百姓被这突如其来的袭击惊呆了！这些炮弹是从哪儿飞来的呢？原来，德军为了轰炸巴黎，制造了一门超远射程火炮。这门火炮的名字叫"凯泽·威廉炮"，由于它射击的对象是巴黎，后来人们就称它为"巴黎大炮"。

"巴黎大炮"是一门举世无双的大炮。它的射程是火炮中的冠军，设计射程是127.9千米，1918年3月23日发射时，实际的射程是122千米。能射这么远的大炮体积庞大，非常笨重，全部重量约为750吨，外形极为壮观。大炮的口径有210毫米左右，炮身长34米，如果把炮身竖起来，相当于10层大楼的高度。当年，德国人把它从工厂运到靠近法国边界的库垒堡的森林地带，足足装了50节火车车皮，真是一个庞然大物！

这么大的大炮，它所用的炮弹

当然也是世界上最大的，一颗炮弹就重120千克。为了让这么重的炮弹射得远，弹丸后部有两排突起，具有远射程弹丸外形，使它沿着火炮的膛线运动。这么重的炮弹要用200千克重的发射药才能发射出去。

34米长的炮管就得卸下来作废了。这种大炮的寿命还不到普通大炮寿命的十分之一。造这样的大炮打仗，太不合算了。于是，后来再也没有人设计制造这样的大炮了。"巴黎大炮"就不仅是空前的，而且是绝后的了。

"巴黎大炮"是世界上空前巨大的大炮。但"巴黎大炮"的炮弹太重，每发一枚炮弹，炮身都要剧烈地晃动10多分钟，所以每隔15分钟才能发出一枚炮弹。它的速度和膛压都很大，发射时炮管膛线磨损很厉害，才打一二十枚炮弹，射击精度就明显降低。打不了100发，

◇ 耸立午门的"神威大将军"

只要来到首都北京的人，都一定会到宏伟壮丽的天安门广场，瞻仰那巍巍的城楼，体验做为一个中国人的骄傲、自豪；也一定会到故宫博物院，欣赏那辉煌灿烂的中国古代文化。但当来到天安门的北面、故宫博物院的午门前时，人们

会注意到一门古老而又庄严的大炮耸立在午门的左掖门前，上面刻着"神威大将军"5个大字，炮身上刻着"大清崇德八年十二月日造"的字样。

这门炮是清朝最早的一门大炮，是皇太极还没进关的时候在辽宁的锦州制造的。它是一门重型炮，炮身长8尺，炮重3800斤，是用铜铸成的，"前窬后丰，底少敛长"，具有清代大炮的普遍特点。炮身上还箍着四道箍，大炮安装在一辆4轮炮车上。发射的时候，可以在大炮里装5斤炸药，点燃后，射出去的铁弹重10斤，杀伤力极大，所以被人称为"神威大将军"。

清代初期的大炮吸取了西洋炮的先进技术，并有所发展。大炮的形体一般像"神威大将军"一样，为长形筒体，前窬后丰，大炮的长短和口径成一定比例。而且，清代的大炮已经按重量分成了轻炮、重炮两种。从27斤到390斤称为轻炮，从560斤至7000斤称为重炮。清军入关前和统一中国时用的大多

是重炮，像"神威大将军"重3800斤，他们用这些重炮攻打城池，无坚不摧，保证了战斗的顺利进行。后来，平定三藩叛乱的战斗多在山区进行，重型炮不便行军和使用，清政府就造了许多轻型炮，来镇压叛乱。

清政府还给所有的大炮都安上了瞄准器，提高了发射的准确率。他们还加强了炮身，像"神威大将军"炮身长8尺5寸，这样就提高了火炮的射程，增强了火炮的杀伤威力。再加上有了炮车炮架，又采用子炮，这样，清朝的大炮比明代就有了很大的改进，既增强了火炮的杀伤力，又提

高了火炮的速度，使得"神威大将军"和它的伙伴们在清王朝统一中国的战争中发挥了巨大的威力，立下了赫赫战功。

◇ 吴淞"振远将军"

1984年，吴淞蕴藻码头。一望无际的大海风平浪静，蔚蓝色的海面上行驶着大小船只。这时，一艘海军W417船正在近处作业。这艘船奉命疏浚附近海湾，大家都在紧张地工作着。突然，挖掘机挖到了什么，大家顿时兴奋起来，都在好奇是不是挖到了什么宝贝？

后来发现，挖上来的竟然是

一门大炮！这是一门铜炮，炮身长3米，重3000千克，炮身上镌刻着"振远将军""两任总督陈化成""大清道光廿年间"等铭文，原来这就是民族英雄陈化成在吴淞口用来抗击英军的"振远将军"炮，这是一门英雄炮！

　　鸦片战争时，清政府撤了林则徐的职，换上了投降派，他们于1841年5月与英国侵略者在广州签订了《广州和约》。清政府以为战争结束，下令沿海拆防，可谁知英国侵略军认为得到的权益太少，决心扩大战争，中国军队处在了被动挨打的地位。英军连续攻下了厦门、定海、宁波，一直打到了吴淞口。1842年6月，英军攻打吴淞口炮台。吴淞口守将是年近7旬的江南提督陈化成，他召集部下说："我自参军入伍，已近50年，出生入死，难以数计。人都有一死，为国而死，死亦何妨。"他又说："敌人依恃的不过是炮而已，我们同样可以用炮来制服他们，西台

发炮，东台响应，敌人顾此失彼，胜利必属于我。"这位号称"陈老虎"的老将，威风凛凛，亲自驻守西炮台。6月16日凌晨，当英国侵略军的炮舰悍然冲进吴淞口，不断向两岸开炮轰击时，陈化成在西炮

台指挥将士沉着应战，霎时大炮齐鸣，打得敌舰狼狈不堪，两小时之内，就有8艘敌舰葬身江底，"振远将军"和它的伙伴们打出了威风。

可是，就在陈化成带领着爱国官兵英勇抗击英

军的时候，他的顶头上司牛鉴却吓破了胆，先是龟缩在宝山城里，不敢上战场，后来看到陈化成战果累累，他想争头功，坐上八抬大轿奔赴吴淞。可是，牛鉴的活动被英军发现了，敌人在望远镜里看到了他的帅旗后，对准帅旗开了几炮，牛鉴吓得屁滚尿流，慌忙跑出轿子，换上便衣，逃命去了。驻守东炮台的将领也跟着逃跑了，阵地被敌人占领，陈化成孤军作战，失去了呼应。

敌人更加猛烈地进攻东炮台，陈化成孤军奋战，坚守阵地，寸步不移。他手持红旗，镇静地指挥着守军，用大炮一次又一次地袭击着敌舰，打死了无数敌人。在战斗中，陈化成身中数弹，血流不止，但他仍然亲自指挥发炮轰击敌人。等到弹尽援绝，英军冲上炮台时，他们奋起拔刀肉搏，最后，这位爱国将领和他的80多名部下，全部壮烈牺牲，鲜血洒在了吴淞口炮台上。

"振远将军"炮和陈化成抗敌英雄英名长存。

◇ 蓬莱抗日大炮

在北京中国人民革命军事博物馆的展厅里，陈列着一门抗日英雄炮。这是一门大铁炮，是1841年铸造的，光绪年间被运到蓬莱，安置在蓬莱老北山上，看守着祖国的东大门。

1894年1月，朝鲜农民发动了大规模的武装起义，朝鲜国王请求清政府出兵镇压，清政府派兵入朝后，日本政府借口清政府出兵朝

鲜，马上派了大量军队开进了朝鲜。7月25日，日本海军突然袭击运载陆军入朝的中国军舰，中国军舰立即还击，从而揭开了甲午战争的序幕。

日本政府军事力量强大，清朝政府损失惨重。1894年的9月17日，清政府为了援救从平壤城仓惶逃出的中国陆军，派丁汝昌率领北洋水师的12艘　　　　舰　艇

完成护送任务，遇到了"吉野"号等12艘日本快速军舰的进攻，丁汝昌当机立断，命令各舰立即迎战。顿时，黄海水面上炮声震天，硝烟弥漫，狂啸的炮弹接连在敌人舰艇上隆隆爆炸，"吉野"号甲板被穿透，"比睿"号中弹着火，"西京"号船舵受伤，"赤诚"号船长被击毙……激烈的海战持续了5个小时，我国的大炮发挥了巨大

威力，最后击沉了日本军舰一艘，击伤多艘，狠狠地打击了日本侵略军。黄海一战，北洋舰队员损失军舰4艘，但主力尚存。

黄海大战后，日本休整了一个多月，又卷土重来，进一步把战火烧向中国边境。日军分水陆两路，一路从朝鲜北部过鸭绿江指向中国东北，另一路从辽东半岛东岸登陆，进犯大连和旅顺。由于清政府的不抵抗政策，大连不战而失，旅顺虽然有一些爱国官兵进行抵抗，但因为没有后援，很快也失败了。

旅顺陷落后，日本侵略军步步逼紧，于1895年在山东半岛成山头登陆，包抄威海卫。威海卫位于山东半岛的东部，南北两岸像两条巨臂，延伸入海，形成半圆形，海口

横列着的刘么岛、日岛、不但是天然屏障，还将港口分成东西两口，形势险峻。1月底，日军发动对威海卫的攻击，扑向南岸炮台，敌众我寡，虽然我军奋勇抵抗，南北两岸炮台均陷入敌手。北风呼号，大雪纷飞，战事一天比一天紧迫，丁汝昌指挥大炮向敌军猛烈轰击，接连打沉了日本军舰两艘、鱼雷艇5艘。大炮，在中国人民抗击侵略者的斗争中，又一次立下了不朽功勋。

但是最后，因为清政府的委屈求和、敌我力量悬殊等原因，北洋舰队被日本侵略者全部歼灭了。

第二章　火炮起源发展

　　在火药武器真正派上用场之前，曾经过数个世纪的实验。发展火药的最大难题，就是燃点快、质量均匀和威力强大，此外，设计出合适的火炮也非易事，倘若设计不当就无法开火。由于受到早期的制造技术所困，施放火炮者所面临的危险程度，其实与炮击目标物所差无几。到了15世纪中期，火炮与火药的技术已经达到高峰，跃升为重要的武器。18世纪中叶，英法等国经多次试验，统一了火炮口径，使火炮各部分的金属重量比例更为恰当，还出现了用来测定炮弹初速的弹道摆。19世纪初，英国采用了榴霰弹，并用空炸引信保证榴霰弹适时爆炸，提高了火炮威力。

　　火炮的发展受到社会经济能力和科学技水平的制约，同时也受到军事战略和战术思想的支配。第二次世界大战以来，科学技术的飞快进步，特别是微电子、计算机、光电子和新材料等技术的发展，是火炮在设计、制造和使用方面有了一系列变化，大大加快了火炮更新换代的步伐。现代火炮早已不是单纯的机械装置，而是与先进的侦察、指挥、通信、运载手段以及高性能弹药结合在一起的完整的武器系统。因此，从不断发展的战略、威力、反应速度和机动能力在内的综合性能，是火炮系统发展的必然趋势。近年来，高新科学技术在兵器领域的应用，引起火炮技术的总大变革。液体发射药火炮、机器人火炮、电磁炮、电热炮、激光炮等新概念、新理论火炮的出现，将揭开火炮发展史上的新篇章。

火炮的起源

"两军相遇，弓弩争先"，弩的发明和广泛使用，使战场上的攻守与拼杀陡增几分惨烈。古代与弓弩共领风骚的，还有一种被称为炮的"远程"射击武器。这种炮就是抛石机，从作战形式上看，它完全可以被认作是火炮的鼻祖，曾被称作"军中第一攻击利器"。相传抛石机发明于我国周代，当时叫做"抛车"。春秋时期，抛石机已经被应用于战事。据《范蠡兵法》记载，当时用抛石机可将重达6千克的石头抛至100多米的距离——这比徒手抛扔石块远多了。

抛石机的原理非常简单，它实际上是一种依靠物体张力（如竹、木板弯曲时产生的力）抛射弹丸的大型投射器。典型的靠扭力发射的抛石机由三部分构成：地上的坚固沉重的长方形框架，一根直立的弹射杆，顶上装有横梁的两根结实的柱子。

弹射杆的下端插在一根扭绞得很紧的水平绳索里，绳索绑在长方形框架的两端，正好位于支撑架下面的位置。平时绳索使弹射杆紧紧

顶牢支撑架上的横梁。弹射杆的顶部通常做成勺子的形状，有时在弹射杆的顶端装一皮弹袋。弹射时，先用绞盘将弹射杆拉至接近水平的位置，再在"勺子"或皮弹袋里放进岩石或其它种类的弹体。当用扳机装置松开绞盘绳索时，弹射杆便以很大的力量恢复到垂直位置，并与横梁撞击，用惯性将弹体以弧形轨道弹向目标。

抛石机在古代是一种攻守城池的有力武器，用它可抛掷大块石头，砸坏敌方城墙和兵器；而越过城墙进入城内的石弹，可杀伤守城的敌兵，具有相当的威力。这种抛石机除了抛掷石块外，还可以抛掷圆木、金属等其他重物，或用绳、棉线等蘸上油料裹在石头上，点燃后发向敌营，烧杀敌人。在火器出现后，抛石机并没有立即从战争舞台上消失，人们还利用它"力气"大的特长，用它来抛射燃烧弹、毒药弹和爆炸弹。

衡量抛石机的作战性能主要有两点：一是抛物重量；二是抛射距离。抛石机的射程一般在50至300步之间，石弹重量由数斤至上百斤不等。拽炮人数可根据目标的远近进行相应的增减，普通抛石机需用40人，大型抛石机需用200人至300人拉拽，一次可将重达200至300斤的石弹射到300步之外，人死楼塌，威力极大。抛石机在当时所起的作用，实际上与后来的火炮相近。

中国火药西传

火药是古代中国人经过长期实践发明的。炼丹家们最初发现了炼丹药中的硝石和硫酸，后来又发现它们配以木炭等便可制成火药。中国人最迟到唐代时已经发明了火药，以后随着提炼纯硝技术的不断提高，火药开始用于军事。唐末，中国已出现被称为"飞火"的火炮、火箭。北宋末年，中国又发明了爆炸力强大的"霹雳炮"。

中国的火药最初是随着炼丹术西传进入阿拉伯的。大约在公元8、9世纪，作为火药最重要原料之一的硝石传入阿拉伯，阿拉伯人称之为"中国雪"。阿拉伯人用它来炼丹、治病和制琉璃等。到了12、13世纪，阿拉伯商人通过丝绸之路，从中国带回了制造火药和烟火的技术。到了13世纪以后，随着蒙古人的西进，更将火药带到了中亚和西亚地区。公元1220年，成吉思汗西侵布哈拉和撒马尔罕时，即以火炮、火箭攻城。据文献记载，当蒙哥汗派旭烈兀西征时，曾派遣信

使前往中国，其目的是要弄来一千位能造地雷、火焰放射器和弓弩的中国人。从此，大批中国制造火器的专门人员到达了中亚，并带去了中国火器制造方法。阿拉伯人的兵书中还保存着"契丹火箭"这一名称。13世纪后期，欧洲人从阿拉伯人书籍中获得了火药的知识。到了14世纪前期，欧洲在对伊斯兰教

国家的战争中学到了制造和使用火药、火器的方法。从此，欧洲也掌握了火药的秘密。

中国的火药和火器西传以后，火炮在欧洲开始发展起来。14世纪上半叶，欧洲开始制造出发射石弹的火炮。16世纪前期，意大利人N·塔尔塔利亚发现炮弹在真空中以45度射角发射时射程最大的规

律，为炮兵学的理论研究奠定了基础。16世纪中叶，欧洲出现了口径较小的青铜长管炮和熟铁锻成的长管炮，代替了以前的臼炮（一种大口径短管炮）。还采用了前车，便于快速行动和通过起伏地。16世纪末，出现了将子弹或金属碎片装在铁筒内制成的霰弹，用于杀伤人马。1600年前后，一些国家开始用药包式发射药，提高了发射速度和射击精度。17世纪，伽利略的弹道抛物线理论和牛顿对空气阻力的研究，推动了火炮的发展。瑞典王古斯塔夫二世在位期间（1611～1632年），采取了减轻火炮重量和使火炮标准化的办法，提高了火炮的机动性。1697年，欧洲用装满火药的管子代替点火孔内的散装火药，简化了瞄准和装填过程。到了17世纪末，欧洲的大多数国家都已开始使用榴弹炮。

火炮结构的变化

（1）从滑膛炮到线膛炮

13世纪以后，我国发明的火药和火器相继传入欧洲。当时，欧洲正处在封建社会即将崩溃而资本主义已经萌芽的时期，火器的传入正好适应了人们要求攻破封建城堡的需要。于是，欧洲各国大量制造火炮。但是那时的火炮没有瞄准具，装填炮弹和发射炮弹的速度都很慢，命中率也很低。更为可怕的

是，火炮发射时的后坐力很大，往往要后坐二三十步远，有时还会出现往左右横跳，甚至炮口倒转过来的现象，这样对射手的生命安全造成了巨大的威胁。为了避免这种情况的出现，人们只好在地上挖一个大坑，发射时先将火炮放坑里，使炮管固定不动，然后再进行射击。不过这样火炮就只能向一个方向射击，使用起来非常不方便，而且还

要事先挖坑，常常耽误了作战时机。

到了15世纪，欧洲出现了特制的炮车，可以把炮固定在炮车上，人们不再挖坑了，这就方便得多了。到了16世纪，又发明了炮架，把大炮安装在炮架上，就能灵便地向各个方向射击，增加了火炮的杀伤力。这些炮有一个共同的特点，它们都有长而粗的管形炮身，有的还保留着较大的药室，配有木制或铁制的炮架，炮身上有耳轴，采用内壁光滑的炮管和球形实心弹，这种炮的炮管里没有膛线，人们称之为滑膛炮。

后来人们又发现球形实心弹装的时候不方便，威力也小，就又改成长圆形炮弹，这和现在的炮弹就差不多了。改造以后的炮弹装药多，重量大，

杀伤力也大，可是有个缺点就是它发射出去以后，在空中像醉汉一样，不是东倒西歪地摇头，就是头朝后翻跟头，

因此射程小，又打不准。对于这种情况，人们一直想办法将其进行改造。

后来人们从孩子玩的陀螺上面得到了启示。陀螺又叫地转子，放在地上，用鞭子抽打，它就能尖朝下快速旋转而不倒下，即使两个快速旋转的陀螺碰到一起又分开了，也都不会倒下，仍然继续旋转。陀螺旋转时不歪不倒，定向力强的道理给了火炮设计者们很大的启发。人们想，陀螺是因为不断旋转才能

不歪不倒的，于是人们就想如何能让炮弹发射出去以后也能旋转呢？人们便在炮管内壁上刻制上一条条的螺旋线，也就是我们所说的膛线，也被称为"来复线"。人们认为这种膛线能迫使炮弹在通过后绕自身轴旋转，结果经过试验，炮弹果真朝前稳稳当当地飞向目标，而且飞得既快又远。1846年，意大利G.卡瓦利少校制成了螺旋线膛炮，发射锥头柱体长形爆炸弹，这也是世界上第一门线膛炮。螺旋膛线使弹丸旋转，飞行稳定，提高了火炮威力和射击精度，增大了火炮射程。在线膛炮出现的同时，炮闩得到了改善，火炮实现了后装，发射速度明显提高。

线膛炮的采用是火炮结构上的一次重大变革，直到

现在，线膛炮身还被广泛而有效地使用。滑膛炮身则为迫击炮等继续使用。

（2）无后坐力炮的出现

19世纪末期前，炮身通过耳轴与炮架相连接，这样的炮架称为刚性炮架。刚性炮架在火炮发射时受力大，火炮笨重，机动性差，发射时破坏瞄准，发射速度慢，威力提高受到很大的限制。19世纪末期出现了反后坐装置，炮身通过它与炮架相连接，这种火炮的炮架称为弹性炮架。1897年，法国制造了装有反后坐装置（水压气体式驻退复进机）的75毫米野炮，后为各国所仿效。弹性炮架火炮发射时，因反后坐装置的缓冲，作用在炮架上的力大为减小，火炮重量得以减轻，发射时火炮不致移位，发射速度得到提高。弹性炮架的采用缓和了增大火炮威力与提高机动性的矛盾，火炮结构趋于完善，是火炮发展史上的一个重大突破。

虽然火炮的后坐力因此得到了一定程度的减小，但并未从根本上得到解决。在很长的一段时间里，这种后坐力使武器设计家们伤透了脑筋。为了解决后坐力的问题，文艺复兴时期大名鼎鼎的意大利画家达芬奇设想出了一种很特别并且很有艺术味的火炮，它有两个炮口，人们称之为"双头炮"。虽然看起

来有点不可思议，但是达芬奇的设想肯定也是有一定道理。随着火炮口径的增大和威力的提高，其后坐力也急剧增大，这就迫使人们不得不把炮架做得更加结实，否则后坐力会把架子弄塌，可是这样炮也会变得又笨又重，使用起来就不会那么灵活了。现代战争既要求炮的威力大，射的远，打得准，还要重量轻，结构简单，能机动灵活地转移阵地，随时改变角度射击。这两方面的要求互相矛盾，很难同时解决，但达芬奇的设想就可以很好解决这个矛盾。

达芬奇的想法是：让两门相同的火炮，炮尾与炮尾相接，向着相反方向同时射击，这样，根据作用力和反作用力的规律，两门炮所产生的后坐力就相互抵消了，矛盾当然也就解决了。尽管艺术家的这种富有想象力的设计在现实中实现不了，但是达芬奇的设计原理还是正确的，这也为后来无后坐力炮的发明奠定了基础。

1914年，美国人戴维斯在双头炮的基础上，设计了一种"两炮合一"的戴维斯炮。他把达芬奇设想的背对背的两门炮改换成两颗弹丸尾对尾地放在一根两端开口的炮管中部，其中向后发射的那颗弹丸是粘结而成的假弹丸。发射以后，真弹丸飞走了，而假弹丸变成了许多碎片，散落在炮后不远地方。于是，世界上第一门无后坐力炮就这

样诞生了，人们将其称为"戴维斯"炮。

戴维斯炮消除了后坐力，但是操作起来很不方便。于是，人们对戴维斯炮不断进行改造，有的用一根长的送弹棍代替用手装填炮弹；有的将长炮管从中间分成两截，装好弹药后再接合起来；有的用一包铁砂或一叠纸片来代替戴维斯炮的一打即碎的假弹丸等等。到了1917年，俄国人梁布兴斯基采用了更为简便的措施，炮筒里不放纸片，也不放铁砂，而是直接用向后喷出的火药气体来进行平衡，人们称它为"火药气体平衡弹"。这样，发射假弹丸的后半截炮筒就没有用处了，戴维斯炮缩短了一半，变得轻巧许多。

到了1936年，梁布兴斯基研制成了76.2毫米无后坐力炮，而且在1941年的对芬战争中首次得到应用，发挥了其独有的威力。此时，美国、德国也都能制造无后坐力炮了。第二次世界大战时，在北非战场上，德国制造的配备给空运部队的75毫米、105毫米无后坐力炮显示出了巨大威风。在硫磺岛战役中，美国的57毫米、75毫米和105毫米无后坐力炮，也以极大的杀伤力把敌人打得落花流水。

由于无后坐力炮发射时没有后

射界范围宽的优点，既适合于山地作战，又适合用作协同步兵作战。

无后坐力炮穿透能力强，可以用来射击坦克的装甲等活动目标，还可以对付碉堡、掩体等坚实的固定目标。

（3）性能进一步提高

19世纪末期，武器设计家们相继采用缠丝炮身、筒紧炮身、强度较高的炮钢和无烟火药，提高了火炮性能。还采用猛炸药和复合引信，增大弹丸重量，提高了榴弹的

坐力，所以省去了其他火炮所必须的制退复进机和笨重的炮架等，使自身的结构简单，重量减轻。最轻的只有几千克重，可以手拿肩扛，携带和操作都很方便。无后坐力炮还具有仰角大、形体小、

破片杀伤力。20世纪初，一般75毫米野炮射程为6500米，105毫米榴弹炮射程为6000米，150毫米榴弹炮射程为7000米，150毫米加农炮射程为10000米。火炮还广泛采用了周视瞄准镜、测角器和引信装定机。

到了20世纪30年代，火炮性能得到了进一步改善。通过改进弹药、增大射角、加长身管等途径增大了射程。轻榴弹炮的射程增大到12公里左右，重榴弹炮增大到15公里左右，而150毫米加农炮则增大到20～25公里。还改善炮闩和装填机构的性能，提高了发射速度；采用开架式大架，普遍实行机械牵引，减轻火炮重量，提高了火炮的机动性；由于火炮威力增大，采用自紧炮身和活动身管炮身，以解决炮身强度不够和寿命短的问题；高射炮提高了初速和射高，改善了时间引信；反坦克炮的口径和直射距离不断增大。第二次世界大战中，由于飞机提高了飞行高度，出现了大口径高射炮、近炸引信和包括炮瞄雷达在内的火控系统。由于坦克和其他装甲目标成为了军队的主要威胁，出现了无后坐炮和威力更大的反坦克炮。

火炮性能的发展

自20世纪60年代以来，由于科学技术的发展和生产工艺的改进，火炮在射程、射速、威力和机动性各方面都有了明显提高。

（1）在增大火炮射程方面

主要采用高能发射药，加大装药量，加长身管，增大膛压，提高初速，相应采用自紧炮身以及发展新弹种（如底凹弹、底部喷气弹、火箭增程弹和枣核弹）等。105毫米榴弹炮射程从第二次世界大战时的11~12公里增大到15~17公里，155毫米榴弹炮射程从14~15公里增大到30公里以上，有的达40余公里。

（2）在增大火炮射速方面

采用半自动炮闩，液压传动瞄准机构，可燃药筒和全自动装填机构等。瑞典FH77-A式155毫米榴弹炮，最大发射速度为3发/6~8秒。美M204式105毫米榴弹炮利用前冲原理缩短后坐量，后坐时间由2.5秒

降为1.4秒，后坐距离由1184毫米降
至430毫米。

（3）在提高弹丸威力方面

采用增大弹体强度，减薄弹
体壁厚，增大炸药装填量等措施，
并改装高能炸药和采用预制破片弹
等。美105毫米榴弹的杀伤效果，
相当于第二次世界大战期间的155
毫米榴弹。在提高火炮机动性方
面，许多国家采取新结构、新原
理、新材料等以减轻火炮重量，并
重视发展新型自行火炮。美M102
式105毫米榴弹炮，上架、下架和
大架合一，高低机与平衡机合一，
采用鸟胸骨闭架式大架和迫击炮座
盘，简化了结构，改善了受力条
件，除后坐部分为钢制件外，其余
大多为铝制件。火炮重量由原来的
2260千克减到1400千克。

（4）在提高炮身寿命方面

许多国家采用电渣重熔等精
炼工艺，以提高炮身钢的机械性能
和抗热裂纹能力。自紧技术的采
用，提高了炮身的有效强度和疲劳

寿命。炮膛表面镀铬，改善了炮膛
的热耐磨性能。使用高能量低烧蚀
发射药或新型缓蚀添加剂，减轻了
炮膛烧蚀。联邦德国120毫米坦克
炮采用滑膛炮身并经自紧和炮膛镀
铬处理，虽然初速为1330米／秒，
膛压为5.4105千帕，炮身寿命仍达
1000发。

（5）在提高炮兵火力的适应性方面

火炮除配有普通榴弹、破甲弹、穿甲弹、照明弹和烟幕弹外，还配有各种远程榴弹、反坦克布雷弹、反坦克子母弹、末段制导炮弹以及化学炮弹、核弹等，使火炮能压制和摧毁从几百米到几万米距离内的多种目标。

在未来火炮的发展中，还将进一步提高火炮的初速、射速，增大射程，延长使用寿命，提高射击精度，改善机动性，采用新弹种以增大威力，增强反装甲能力，并与侦察系统和射击指挥系统联成整体，以进一步提高反应能力。

庞大的火炮家族

火炮从发明之日起，在战争中得到了大量运用，世界各国也都在不断研究改进火炮的结构和性能。随着战争层次的不断提高，战场经验的积累，人们发明了更多专用的火炮。如第一次世界大战期间，为了对隐蔽目标和机枪阵地射击，各国广泛使用了迫击炮和小口径平射炮；为了对付空中目标，又广泛使用了高射炮；飞机上开始装设航空机关炮；随着坦克的使用，出现了坦克炮等等。

◇ 炮族主将——榴弹炮

现代出现了具有各种功能的大炮，形成了庞大的大炮家族，榴弹炮就是这个家族的主将。

在一座小山后面，驻守这里的军队辛辛苦苦、夜以继日地修了一座碉堡，碉堡修好了，大家松了一口气，心想：碉堡修得这么结实，又这么隐蔽，这下子可安全了！连大炮也落不到这

儿！谁知两军一开战，突然一发炮弹落到了碉堡上，接着又是一发，又是一发，发发都正中

碉堡，顿时，浓烟四起，火光冲天，碉堡里的士兵还没明白怎么回事就都一命归了天。

这就是炮家族的主将榴弹炮。榴弹炮出世较早，在15世纪，欧洲的德国和意大利就出现了一种能发射石霰的滑膛炮，这就是最早的榴弹炮，它是因为发射榴弹而得名的。

榴弹炮的炮身短，大约相当于它的口径的20~30倍。这样炮弹在炮管内呆的时间就短，火药产生的气体对它的作用就小，所以，榴弹炮发射的榴弹初速度小，射程短，而且榴弹在空中飞过的路线比较弯曲，特别适合射击隐蔽的目标或者面积较大的目标。那隐蔽在小山后

面的碉堡自然就逃不过榴弹炮的射击了！还有，榴弹炮的炮弹在击中目标时，几乎是垂直落下来的，爆炸后弹片能均匀地飞向四面八方，破坏扎堆成群的目标，所以，榴弹炮常用来发射杀伤能力强或爆破能力强的榴弹。

榴弹资格最老，它又叫做开花弹和高爆弹，它主要是依靠弹丸爆炸后产生的破片和冲击波来进行杀伤和爆破的一种弹药。榴弹的类型很多，用途广泛，平常把榴弹分为三类：杀伤榴弹、爆破榴弹、杀伤爆破榴弹。它们既可以用来杀伤那些暴露在地面上的士兵，也可以杀伤那些隐蔽在堑壕里的士兵，还可以摧毁敌人的各种工事和碉堡。

随着战争的不断扩大，生产力的发展，榴弹炮也在不断得到改进。从15世纪最早的榴弹炮开始，到16世纪就从石霰弹发展到了采用一种带木制信管的球形爆破榴弹，各国部队多用榴弹炮来装备攻城部队和要塞炮兵。17世纪时，榴弹炮已经用于野外作战。到19世纪，榴弹炮由滑膛炮改为线膛炮，它的球形爆破榴弹也变成了有弹带的长圆柱形弹丸。

目前，各国的榴弹炮中，最好的有美国的M109式155毫米榴弹炮，法国的M50式155毫米榴弹炮，以及苏联的M63式122毫米榴弹炮

等，它们的最大射程可达3万米，发射的最高速度为每分钟10发。

◇ 远射能手——加农炮

在火炮家族中，能和榴弹炮称兄道弟的就数加农炮了。不过，别看它们长得差不多，高矮却相差悬殊，榴弹炮个子矮，加农炮个子高。

榴弹炮杀伤力很大，在战争中出尽了风头。但是，人们对光有榴弹炮越来越不满足了，因为榴弹炮也有自己的缺点：射程短，发射的炮弹初速度低，不能射击较远的目标，特别不适宜打击活动目标，于是就出现了加农炮。

"加农"是根据英文音泽出来的，在英文里，它是"长圆筒"的意思。加农炮炮管细长，一般都超过其口径的40倍。而且弹道低、初速度高，特别适合直接瞄准射击活动目标，平时被人们称作"平射炮"。

过去，人们都是用榴弹炮来发射爆破弹和燃烧弹，这些炮弹都是球形的，由装着火药或燃烧物的两个半球形弹体组成的。一爆炸，就黑烟滚滚，臭气熏天，实在让人受

不了，而且射得也不远。于是，人们就把炮管加长，制成了加农炮，用加农炮来发射爆破弹。

　　试验开始了，大家都眼巴巴地看着，希望用加快农炮发射爆破弹能获得成功。试验场上静悄悄的。突然，指挥官一声令下，轰的一声，加农炮响了，但是，炮弹却没有射出去，在炮膛里爆炸了。顷刻间，加农炮被炸成了碎片，炮手们被炸得血肉横飞，陈尸遍地。试验失败了，因为当时球形爆破弹强度太低，而加农炮膛内压力大，温度高，弹丸发热引起了爆炸。加农炮发射不了爆破弹，这个任务只好还是由榴弹来完成了。

一直到了18世纪，有一个叫马尔梯诺夫的俄国人，制造了一种身管长介于榴弹炮和加农炮之间的"长炮身的榴弹炮"，这个问题才得到了解决。这种炮的炮身是口径的10倍，而炮的药室呈圆锥形，有利于发射爆破弹。这种炮威力很大，像传说中的独角兽那么厉害，马尔梯诺夫就在炮身上刻了一个独角兽作为标志，于是，人们称这种炮为"独角兽"炮。一时间，独角兽炮名声大振，各国纷纷仿制和改进，装备在自己的军队里，独角兽炮风靡一时。

但是，真正让加农炮逞威风的是线膛炮的出现。这时的加农炮主要用来对付有装甲防护的战船。魔高一尺，道高一丈，战船装甲不断加厚，火炮的口径也不断加大，最后出现了450毫米的大口径加农炮。不过，不是口径越大越好。口径大了，膛压跟着提高了，但是火炮本身的结构和材料却难以满足要求。结果是，这种大口径的加农

炮，只能发射几发炮弹，然后便报废了。于是加农炮又开始缩小口径，口径缩小了，杀伤力更大了，寿命也加长了。

战争在发展，新武器不断出现，第一次世界大战中，出现了一种全身披甲的爬行怪物——坦克，于是，加农炮又义不容辞地担负起了打坦克的任务。为了打坦克方便，人们一开始把加农炮直接装在坦克底盘上，后来，又根据加农炮作战的特点，设计出专用的加农炮的自行底盘，成了"自行加农炮"。从外形上看，自行加农炮和坦克长得差不多，但是，自行加农炮明显比坦克矮一截，而且，它有比较厚的装甲保护。这种自行加农炮在第二次世界大战中得到了广泛的应用，发挥了巨大的威力。当时战争双方都制造了自行加农炮，如德国有"斐

迪南德"1943年式自行反坦克炮、"黑猎豹"1944年式自行反坦克炮；英国有"箭手"反坦克炮；美国有M18式自行反坦克炮等。

由于加农炮的身管长，火药燃烧所产生的气体压力大，弹丸的初速度高，穿透装甲的性能强，所以是当之无愧的反坦克卫士。

加农炮由于有能发射各种炮弹的多用途特点，火炮威力大，所以仍然是现代部队的重要装备。但

是，由于现代战争除了广泛使用坦克部队、空降兵和空中机动部队等进行大力协同作战外，还实施宽正面、大纵深和高速度的突击进攻，因此对炮兵的要求也就高了。在这种情况下，就相应产生了一种机动性强、射速高和威力大的新型自行加农炮，这种炮的威力比加农炮更大，并将会得到更进一步的发展。

◇ 机动灵活——迫击炮

　　1904年，在我国东北的旅顺口上空，硝烟弥漫，炮声隆隆，这是日本和沙皇俄国在中国的土地上打仗。当时，俄国占领着我国的旅顺口，守住了险要的地方，而日军企图从俄国人手里夺下这些地方，他们挖壕筑垒，渐渐逼近了旅顺口。等到俄国军队发现这一情况时，日军已经离得很近了。一般的大炮打得远，这么近的距离反而打不着；如果用机枪扫射，机枪的威力又不足，俄军像热锅上的蚂蚁，眼睁睁地看着日军一步步逼近。在无可奈

何的情况下，俄国炮兵中将尼古拉耶维奇便试着将一种口径为47毫米的海军炮装在了有轮子的炮架上，炮口仰得高高的，发射一种弹尾在炮管里而弹体露在外面的长尾形炮弹，这枚炮弹重11.5千克，射程为50~400米。结果，炮弹在空中划出一道弯弯的弧线，正好落在日军的堑壕附近，歼灭了进攻的敌人。这就是最早出现的迫击炮和迫击炮弹。

迫击炮的名字，一方面是"迫近射击"的意思，它操作方便，弹道弯曲，可以迫近目标射击。另一方面的意思是迫击炮弹从炮口装填后，依靠自身重量下滑而强迫击发，使炮弹发射出去。

1935年的5

月，中国工农红军已经走过了相当漫长的路程，进入了大凉山彝族地区。前面是飞流湍急的大渡河，终年冰封的

69

大雪山，桥头和要道上，碉堡林立，敌人派了重兵把守；身后，有大批敌军追赶。蒋介石对红军围追堵截，红军陷入了困境。

眼前唯一的办法就是强渡大渡河。5月29日，红军突击队飞夺泸定桥，17名勇士攀着粗粗的铁索匍匐前进。桥头敌人的碉堡不断喷出凶猛的火舌，子弹打在铁索上，打在战士身上，形势危险极了。这时，我军架起了轻便的炮筒，拿出了仅有的30余发炮弹，由神炮手赵章战营长亲自操炮射击。顷刻间，炮弹从炮口飞出，在空中划过一条条弯弯的弧线，一直飞向桥头敌人的碉堡，顿时，桥头上火光闪闪，响声震天，敌人的碉堡变成了哑巴，铁索上的勇士们顺利地渡河，夺下了泸定桥，保证了我军的胜利渡江。红

军用的就是迫击炮。

　　迫击炮在近战中，发挥了极大的威力。其实，早在14世纪，阿拉伯人就已经使用和迫击炮原理相近的管形火器了。

　　1342年，西班牙的国王阿里佛斯派军队攻打阿拉伯人的阿里赫基拉斯城。西班牙军队团团包围了这座城，号声齐鸣，摇旗呐喊，大批士兵登上云梯，直向城墙上扑来。突然，城墙上冒出一团团黑烟，接着传出一阵刺耳的尖叫声，难闻的硫磺味也跟着飘散出来，与此同时，西班牙军队中响起了一片沉闷的爆炸声，士兵一个接一个地倒下，被炸得血肉横飞。有的从云梯上掉了下来，有的吓得呆若木鸡。没死的士兵慌忙向后撤退，不知道是遇见了什么妖魔鬼怪。西班牙军队的指挥官也以为是遇上了妖怪，慌忙把残兵败将组织起来，让能驱散妖术的神甫在前面打头阵。

　　神甫们举着护身的十字架，嘴里念着驱赶妖魔的咒语，把"圣水"洒在了前进的道路上。可是无济于事，"妖魔"什么也不怕，令人胆颤心惊的爆炸声又接二连三地响了起来，神甫也被打死，第二次进攻又失败了。以后两年多的时间

相当于迫击炮的身管；在铁筒前面，有一根支撑它的木棒，类似迫击炮的炮架。在铁筒上钻孔，插入药捻后与筒内的黑火药相通。阿拉伯人在每一门炮前安置了一个白胡子老头，每个白胡子老头手里拿着一根冒烟的木杆，发射时，白胡子老头用手中的木杆点燃铁筒上的药捻，铁筒里的东西就飞了出去，这就是打退西班牙人的"妖魔"。

当然，真正的迫击炮，还是20世纪初才产生的。第一次世界大战的时候，参战双方的阵地和工事，有时离得很近，士兵也都隐蔽在战壕内，在这种情况下，就急需一种近距离的杀伤炮火，来打破谁也不敢贸然进攻的局面，于是，迫击炮应运而生。

里，西班牙军队再也不敢接近这座魔城。

这"妖魔"其实就是在原理上和迫击炮相类似的可以称为迫击炮始祖的原始火炮——"摩得发"。它有一个用铁片焊接起来的圆筒，

早期的迫击炮用的是蘑菇弹——大脑袋炮弹，叫做超口径长尾形弹。这种炸弹只能从炮口装填，得将尖锥形的大脑袋露在外面。它能在起伏的山地和难以通行的复杂地形条件下，伴随步兵作

战，能射击近距离的目标。但是，它射击的准确度差，还不能让人满意。到了第二次世界大战末期，迫击炮所用的超口径炮弹已经改成了同口径弹，全炮的重量也大大减轻，准确度提高了，结构和外形都接近于现代的迫击炮。

20世纪60年代以后，迫击炮由于具有特殊的优越性而得到迅速发展。它的重量减轻，射程增加，品种增多。法国、英国、苏联等都研制成了新型的迫击炮，有的国家还研制出了无声迫击炮等新式武器。

◇ "喀秋莎"——火箭炮

第二次大战期间，德国军队几乎踏遍了欧洲的每一片土地，也占领了苏联的许多地方。1941年7月，苏联军队在斯摩棱斯克的奥尔沙地区展开了抗击德国侵略者的斗争。苏军的一个火箭炮兵连一次齐射，仅仅用了十几秒钟，就将大批的火箭弹像冰雹一样地倾泻到敌人阵地上，其声似雷鸣虎啸，其势如排山倒海，火焰熊熊，浓烟滚滚，打得敌人晕头转向，狂呼乱叫，纷纷嚷着"鬼炮！鬼炮！"四处夺路逃跑。大炮一下子就摧毁了敌人的军用列车和铁路枢纽站，消灭了敌人大批的有生力量，给敌人精神上以极大的震撼，以至后来德军一听到这种炮声，就胆颤心惊，恐惧万分。这种火箭炮的名字就叫做"喀秋莎"。

"喀秋莎"是俄罗斯姑娘的名字，怎么成了火箭炮了呢？原来，这种火箭炮是在苏联卫国战争时期，由沃罗涅日州的"共产国际"兵工厂组织生产的。因为"共产国际"这个词的俄文写法，第一个字母是"K"，所以就在大炮上印上了一个""K"字，作为该厂的代号。这种火箭炮6月生产出来，7月就上了战场，战士们一看这种炮威力这么大，都非常喜欢它，又看见炮车上印有"K"字（俄文里"K"读"喀"），就亲切地称呼它为"喀秋莎"，把它看成和自己心爱

的俄罗斯姑娘一样。从此，喀秋莎的名字就流传开来了。

其实，"喀秋莎"火箭炮的真名是GM-13。GM-13型火箭炮是一种多轨道的自行火箭炮。这种火箭炮共有8条发射滑轨。在滑轨的上下各有一个导向槽，每个槽中可挂一枚火箭弹。一门火箭炮可挂16枚火箭弹。最大射程为8.5千米，既可以单射，也可以部分连射，或者一次齐射。重新装填一次齐射的火箭弹约需5~10分钟，而一次齐射仅需7~10秒钟。因而，它能在很短时间内形成巨大的火力网，对敌人进行出其不意地袭击，使敌人来不及躲藏和逃窜，就被消灭了。另外，整个大炮可以装在一辆汽车上，而运载汽车速度可达每小时90多千米，机动灵活，还没等敌人反应过来，就已经迅速转移了，使敌人难以追踪捕捉。

"喀秋莎"火箭炮与其他炮比较起来，构造简单，它仅仅由发射装置、瞄准装置、发火系统和控制

系统等组成。火箭炮通过发射装置中的定向器飞向预定的目标，"喀秋莎"火箭炮用的是一种轨道式定向器，其形状和火车的导轨相似。火箭炮一般都是多管联装的，它由几管、几十管，甚至100多管组成。"喀秋莎"火箭炮发射的是不带控制装置的火箭弹，弹尾装有尾翼，用来保证炮弹稳稳当当地飞行，不摔跟头。

"喀秋莎"火箭炮发射时声音特殊，射击火力凶猛，杀伤范围大，所以苏联在作战部队中装备了数千门，给了德军有力的打击。

在1942年的斯大林格勒大战中，苏军许多门"喀秋莎"一齐向德军炮兵阵地齐射。瞬间，火光

闪闪，炮声隆隆，敌人大炮顿时成了哑巴，苏军还活捉了大批俘虏。一个被俘的德国兵在日记里这样写道"我从来没见过这样猛烈的炮火，爆炸声使大地颤抖起来，房上的玻璃都震碎了……"。可见"喀秋莎"火箭炮的威力之大。

◇ 形形色色——坦克炮

随着坦克的迅速发展，坦克炮也由初期的小口径炮一步步发展成为现代先进的大口径坦克炮。

1916年，英国制造的"大威廉"坦克上只装了两门57毫米火

炮，还有4挺机枪。在第一次大战后期，法国制造的"圣沙蒙"坦克，就已装备了75毫米的大炮。而到了1939年，苏联的坦克上，已经装备了76毫米的加农炮。第二次世界大战期间，苏联在1943年用威力更大的85毫米的坦克炮替换了76毫米的加农炮。同年12月，苏联在NC-2新式重型坦克上，装备了口径为122毫米的坦克炮，使它成为第二次世界大战中威力最大的坦克。

第二次世界大战以后，各国都在继续提高坦克武器的性能。20世纪60年代以来，人们把中型坦克和重型坦克合并成为主战坦克。主战坦克集中了这两种坦克的优点，进一步扩大了这种坦克在战斗中的作用。于是，坦克炮的口径不断加大，装甲板增厚，速度和机动性能

都得到了提高。在20世纪70年代出现的一些主战坦克，如苏联的T-62坦克，法国的AMX-13坦克，西德的"豹"式坦克，美国的M60AI坦克，英国的"奇伏坦"坦克等，都装有90~152毫米坦克炮，这些坦克，炮配备有聚能装药破甲弹、穿甲弹、碎甲弹和杀伤爆破弹。

为了使穿甲弹能穿透更厚的装甲，20世纪60年代初期，滑膛炮东山再起，它的初速达每秒钟1500米左右，可以穿透厚度达500毫米的铠甲。苏联的T-62、T-72、T-80坦克就分别装备有口径为120毫米和125毫米的滑膛炮。其中125毫米滑膛炮是目前世界上口径最大的坦克炮。

英国主战坦克装备的120毫米线膛炮，既能发射旋转稳定的穿甲弹，也可通过滑动弹带来发射尾翼稳定穿甲弹。

现代坦克中，口径最大、火力最强的是美国的M60A2式主战坦克上的火炮。它的火炮口径达152毫米，载弹量为33发。这种大口径坦克炮，既能发射多种炮弹，还能发射导弹。所以，它还装有13枚"橡树棍"导弹，大大增强了它的战斗力。

为了适应"活动的钢铁碉堡"——坦克的特点，现代坦克上都有火炮稳定器，可以保障坦克炮在高速行进间能精确地射击。

现代坦克上的坦克炮，无论在烟雾弥漫的白天，还是漆黑的夜晚，无论是爬陡坡，还是越沟壕，都能迅速捕捉目标，迅速发射，在几十秒以至几秒的时间内，摧毁对方的目标。这是因为在现代坦克上，还装备了火控系统，包括电子弹道计算机，激光测距机，红外或激光夜视、夜瞄仪、自动装弹机等设备，使坦克炮提高了准确性。

根据目前的发展趋势来看，未来的坦克炮将是能发射炮弹、导弹以及核弹药的综合武器，成为地面

战斗中的主要突击力量。

◇ 打气球起家——高射炮

1870年7月，普法战争爆发，到了9月的时候，德国就派兵重重包围了巴黎，切断了巴黎和外界的一切联系。巴黎的法国政府首脑急得团团转，不知道怎么样才能突破德军的包围圈。最后，有人想到了气球。1783年，法国的科学家孟特戈尔菲兄弟发明了载人气球，在巴黎的一个公园广场上，把载人气球成功地升到了天空。现在，难道不能用气球把人送出包围圈吗？于是，法国的内政部长甘必大就在10月7日坐上了载人气球，飞越德军防线的上空。他成功了，安全地到达了巴黎西南200千米处的城市都尔。甘必大在都尔组织起了新的作战部队，并且不断用气球和巴黎保持通信联络。

德军终于发现了这一情况，马上研究对策，决定要先想办法打掉法军联络用的气球，于是立即下令制造一种专门打气球的大炮，来切断这条空中通道。后来，大炮造出来了，这是一门37毫米炮装在四轮车上改装的。为了追踪射击飘行在空中的气球，德军派了几个士兵来回移动车子和改变炮的射击方向，还真的打下了不少气球，人们称其为"气球炮"。这就是后来用来打飞机的高射炮的雏形。

19世纪末，德国科学家齐伯林，用蒸汽机作动力制造的飞艇升上了天空。紧接着，美国的莱特兄弟发明的飞机又升上了天空。德国人把这些新的飞行器看做是它侵略别国的最大障碍，所以在1906年初，德国国防部就下令研制专门对付飞艇和飞机的大炮。

德国的爱哈尔特公司（现在的莱茵军火公司）接受了这项任务。他们根据飞艇、飞机飞行的特点，对原来的气球炮作了改进，在当年就造出了一门能打飞艇、飞机的专用大炮。这门炮装在汽车上，带有

防护装甲，口径为50毫米，炮管长1.5米，可以发射榴弹和榴散弹。

这就是世界上第一门高射炮。

1908年，德国的克虏伯公司也造出了一门对空射击的专门火炮。

这门火炮装在门式炮架上，火炮的口径是65毫米，炮管长度是口径的35倍，最大射程为5200米。克虏伯公司制造的高射炮，在跟踪、瞄准空中目标上，已经用能控制手轮来调整，这比气球炮完全靠人推着四轮车来捕捉空中目标，是前进了一大步。

1914年，德国又制成了有代表性的77毫米高射炮。这门高射炮已有简单的炮盘，装在带四个轮子的炮架上，行军时，炮盘可以折叠收起，炮管平躺在后车轮的支架上，炮身不算太高，可以用马或车辆牵引。作战的时候，打开炮盘，支起炮身，就可以进行对空射击。因此，使用炮盘既便于火炮转移阵地，又缩短了由行军状态转到作战状态的时间。77毫米高射炮是最早出现的一种结构较完整的牵引式高

射炮。

随着飞机在军事上的越来越广泛的应用，高射炮也得到了发展。1914年8月14日，法国两架飞机首先用炮弹当作炸弹，轰炸了被德军占领的梅斯市的飞机库，11月21日，3架英国阿英罗飞机又轰炸了德国的齐柏林飞艇库。从此以后，许多飞机都相继装上了武器，这样，对地面部队就造成了很大威胁。为了对付飞机的威胁，参战各国都急忙启用高射炮，但当时的高射炮命中率很低，因而，改造和研究新的高射炮的任务就非常迫切了。

在这一时期，高射炮不但型号、数量众多，而且口径逐步增大，炮管逐步加长，普遍都有了专用的瞄准设备，有效地提高了火炮的射程和射击精度。后来，由于战斗机能够低空俯冲、扫射，而口径较大的

高射炮弹，发射速度很慢，无法对付低空攻击的飞机。于是，战场上就又出现了一种德国制造的新型小高炮。这种小高炮口径为20毫米，是一种能连续发射的高射机关炮，射程为2000米，由一名射手操纵，这就是最早的连续发射的高射炮。

高射炮经过近一个世纪的发展，现在已经是一个"人口众多"的"庞大家族"了。在这个大家族中，成员也是千姿百态：有膀大腰圆的大口径高射炮，有小巧玲珑的小口径高射炮，也有多管联装的高射速高炮，还有机动性强的自行高射炮。如果按照口径大小排列，有20多种，可分为大、中、小三类。如果按照高射炮的运动方式分，可以分为自行高射炮和牵引高射炮。如按火炮的操纵方式分，则有完全靠人工操作的高射炮、靠人工和动力传动的半自动高射炮和全自动化的高射炮三类。人们还按照高炮火控系统的不同，把高炮分为三代：由雷达测定目标，传给指挥仪，再传给火炮的高炮系统为第一代；实现了雷达、指挥仪、火炮自动联动的高射炮系统为第二代；实现了雷达、解算装置两位一体，或雷达、

解算装置和火炮三位一体的高炮系统为第三代。

高射炮是专门打飞机的，因而在构造上就必定有适应打飞机的独特之处。

高射炮的第一个特点，就是炮管特别细长。细长的炮管可增加炮弹的初速度和增中射击的高度。也就是说，炮管长，火炮打飞机的本领就大。二是高射炮的炮架活动范围宽广，这样高射炮的射界就很广阔，无论敌机从什么方向来，以什

么样的高度和角度攻击地面目标，高射炮都能任意调转方向迎战来袭击的飞机。三是采用了一些较先进的瞄准射击装置，如环形瞄准器、航路指示器和距离装定设备等，提高了瞄准精度和命中率。四是在小口径高射炮上配备了装填和复进等装置，实现了连发射击，在大中口径高射炮上则采用了机械输弹设备，提高了大炮的发射速度。五是配备了指挥仪，还有雷达、测距机等观测、瞄准和指挥设备，组成高

射炮系统，使高射炮的作战能力得到全面提高。

◇ 空中杀手——航炮

1903年，美国人莱特兄弟发明的飞机飞上了蓝天。人类多年来，想像鸟一样在天空自由翱翔的愿望实现了，这是多么令人愉快的事情。于是，飞机做为载人的交通工具，来往于各地之间。

但是战争把人们推到了互相残杀的位置上。最初，飞机被用来侦察对方的情况。有一次，交战双方的侦察飞机在空中相遇了，飞行员发现了敌人，忙用步枪进行射击，对方也立即还击，乒乒乓乓地打了一阵，谁对谁也无可奈何。这就是最早的空战。

第一次世界大战时，由于作战的需要，人们就把枪、炮逐渐地搬上了飞机。一开始，人们在侦察时会带上手榴弹、炮弹等炸药，一有机会就向对方飞机扔上几个；后来，有人又在飞机上安上了专用机枪；再后来，人们就把一些炮管较短而又是单发装填的地面火炮或者轻型的舰炮搬上飞机，来满足飞机对于大威力火器的需要。

可是，人们发现，由于这些

炮本来不是专门给飞机设计的，太笨重了，而且后坐力相当大，射击效果又很低，但飞机发展迅速，空战越来越激烈，这样的炮就很难适应空战的要求，于是，出现了专用的航空炮。航空炮比航空机枪威力大多了，它逐渐成了飞机作战的主要武器——空中杀手。

20世纪60年代以后，航空炮又得到了进一步的改进。在这期间，航空炮大都改为全自动射击的小口径自动炮。这种炮反应快，威力大，射击精度高，还具有一定的穿甲能力；另一方面它体积小、重量轻，后坐力小，因而操作方便，机动性强。

发展到了现代的航空炮则是主要采用转膛炮和多管旋转炮的结构。

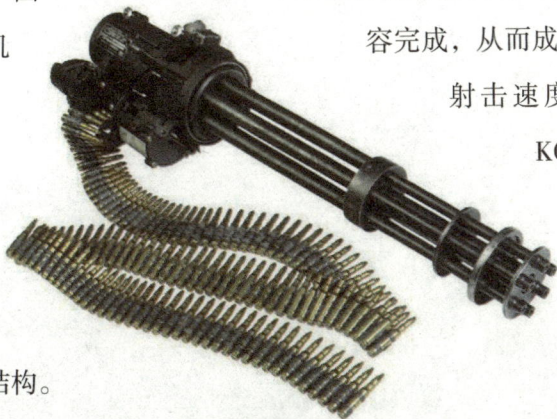

转膛炮又分单管转膛炮和双管转膛炮，而现在除了美国的MK11型20毫米航炮外，几乎都是单管转膛炮。单管转膛炮的转轮部分有4至5个弹膛，转轮借助于火药气体冲击而自动旋转。这样，就可以在转轮旋转中使装弹的工作能够从容完成，从而成倍地提高了射击速度。如瑞士KCA30毫米航炮，速度就是每分钟可以发射1350发

87

炮弹。

多管旋转炮是在手摇多管加特林机枪的基础上改进制成的。它用增加炮管的数目来提高射速。每门炮用6至7根炮管，这些炮管围绕着一个轴心排在一个圆周上，用电动机或马达来带动炮管转动。多管旋转炮的射速很高，每分钟可以发射炮弹6000发。多管旋转炮还有一个重要的特点，那就是调节射速简单方便，在射击时，通过调节炮上的主轴转数，就可以改变大炮的射速，以此来满足不同作战情况的需要。

现在，在战斗机上常常还装上航空火箭炮。虽然火箭炮命中精度差点，但它结构简单，成本低，而且威力大，射程远，是作战飞机上的一种颇具威力的辅助性武器。

◇ 海上大炮——舰炮

1917年11月7日，列宁在斯莫尔尼宫——苏联十月革命的总指挥部宣布起义。晚上9月45分，停

泊在涅瓦河上的阿芙乐尔号巡洋舰上的大炮怒吼了，炮弹呼啸着射向敌人的巢穴，发出了总攻冬宫的信号，起义的官兵和群众在"乌拉"声中冲进了冬宫，消灭了敌人，夺取了政权。

"阿芙乐尔"号上装的大炮就是舰炮。这门舰炮，用惊动天地的吼声宣告了一个新的苏维埃政权的诞生。

1941年5月22日凌晨5时52分，英国的海军舰队与德国的特大型战列舰"俾斯麦"号在丹麦海峡相遇，发生了一场激烈的大海战。"俾斯麦"号战列舰是一艘装备精良的特大型战列舰。舰上火炮密布，装有几十门大口径的舰炮，还有好多门各种口径的高射炮，舰上有官兵近2000人，号称是当时世界上最大最强的战列舰。英国参战的巡洋舰"胡德"号和最新战列舰"威尔士亲王"号

等，也都设备先进，火力很强。

相遇后，英国的"胡德"号首先向德国的"俾斯麦"号开炮，"俾斯麦"号马上给予还击。霎时，海面上炮声顿起，硝烟弥漫，火光冲天，双方舰上人声嘈杂，一片混乱。突然，"胡德"号被"俾斯麦"号的一排炮火击中，船身立刻下沉，舰上1500名官兵中只有3人活了下来。英国最先进的战列舰"威尔士亲王"号的驾驶台也被德国战舰的炮弹击中，不得不放烟雾弹掩护自己撤离战场。"俾斯麦"号在激战中也被地方炮火击伤，油槽破漏，只有慌忙逃窜。5月27日上午，英国舰艇"罗德尼""英皇

乔治五世"在布列斯特海域附近追上了"俾斯麦"号，对它进行了猛烈射击，激烈的炮火打得它浑身弹痕累累，主炮大部被击毁，最后"俾斯麦"号中弹起火，带着浓烟沉入了大海之中。

海战，就是用舰炮进行的海上战争。舰炮一般分3层装在炮台甲板上，既可单门炮发射，又有多门炮发射，具有摧毁性的火力。

其实，早在公元前5世纪，中国、埃及和希腊的木船上都安装过抛石机，那大概得算是最早的舰炮了。当时的海战，就是双方船只靠近后白刃格斗，被称作"接舷战"。抛石机的作用，主要就是抛

射石头和圆木来阻止敌船靠近进行接舷战。后来，就抛射烟火弹丸或装燃烧剂的弹丸烧毁敌船。公元941年，俄国伊果尔大公的战船出征希腊，希腊人发射的燃烧弹正击中了他的战船，战舰队几乎全部葬身大海。

到了16世纪末期，火炮就能够在船上独立进行战斗了。再后来，战船上装备了发射爆破弹的火炮。1853年，俄国的帆船舰队就在西诺普海战中，用炮发射爆破弹击毁了土耳其的10艘战船，可见其威力之大。

随着船舰使用装甲防护，而且日益加厚，舰炮也有了进一步的改进。于是，带风帽的穿甲弹问世了，这种炮弹，能穿透与弹丸直径相同的装甲厚度，使舰炮成为对付装甲敌舰的有效武器。

由于鱼雷和海战中开始使用飞机，又产生了速射炮，进而演变成能对海对空作战的高平两用炮。

1982年4月，英国和阿根廷在南大西洋的马尔维纳斯群岛进行了

一场激烈的海战。阿根廷连续以两枚"飞鱼"导弹炸毁了英国的"谢菲尔德"号现代驱逐艇和"大西洋运送者"号大型运输舰，使之沉入海底。一时各国哗然，继而纷纷向生产这种导弹的法国订货，"飞鱼"一下子身价百倍。

但是，人们继而发现，能够有效地拦截导弹的不是反导弹导弹，而是速射舰炮。如果几门舰炮同时发射，那炮弹就会像雨点般向近距离的舰艇和敌机射去，让他们不毁击伤，再也没有能力发射导弹了。

第三章　中国火炮简介

大家都知道，世界四大发明之一的火药最先是从我国传入西方国家的，但是由于封建社会政府闭关锁国政策的限制，中国的武器制造水平在一段时间里一度落后于世界上很多国家。后来中国意识到军事力量对于一个国家的重要性，便开始吸取西方国家武器制造方面的先进经验，并结合我国的国情制造自己的武器，"师夷长技以制夷"。其中在火炮制造方面，由于火药起源于我国，所以我国在制造火炮方面已经有了很好的基础。而近代我国更是在陆军火炮研制上面一直走在世界前列。我国的身管火炮、火箭炮、特种火炮等都是在国际上处于领先的装备。当年苏军入侵阿富汗的时候，阿富汗游击队就是凭借我国107火箭炮击败了苏军的补给车队，迫使苏联军队撤离。

虽然美国和俄罗斯在世界上一直是军事强国，他们的火炮制造水平也是世界领先水平。但现在我国火炮的发展速度也很快，而且随着我国科技水平的不断提高，我国的火炮水平也已经超过了很多西方先进国家，在世界各国陆军采购上也多次击败美国M109系列火炮或者俄国火炮获得重大订单。除此之外，我国的大口径远程火箭炮更是世界第一，即便是传统火炮研制大国的俄罗斯目前也不是我们的对手。总之，我国虽然总体军力还落后于世界，但是火炮方面绝对领先。在这一章，我们就来简单介绍一下我国的火炮情况，让大家对我国的火炮发展现状有一个大致的了解。

牵引式榴弹炮

◇ 54式122毫米牵引榴弹炮

54式122毫米牵引榴弹炮是由中国制造、20世纪50年代初期研制定型的122毫米牵引火炮，20世纪50年代中后期装备部队，用以取代各种旧杂式榴/山炮。本炮系由苏式M-1938式改进而成，使用汽车牵引。本炮是步兵师、军（集团军）属炮兵团基本火炮。每团2~3营（炮24~36门）。20世纪70年代开始逐步退役，为54-1式取代。已停产。

该火炮采用手动螺式炮闩；制退机、复进机分别布置在炮身上、

式，带沟槽复进制动器，液体气压式复进机，制退机和复进机布置在炮身上方左右两侧，均采用筒后坐形式；摇架是筒形的，上架为短立轴拐脖式，下架是铸钢箱式，带有液压千斤顶和座盘，大架带有折叠式夏用驻锄、架尾滚轮和齿条式千斤顶，整体防盾；方向机为螺杆式，高低机为蜗杆自锁单齿弧外啮合式，并装有缓冲制动装置，平衡机为带有机械调整装置的低角注气前推气压式；瞄准装置由非独立机械瞄准具、58式周视瞄准镜、58式标定器、56式直接瞄准镜与照明具组成。

下部；瞄准装置由58式瞄准镜、58式周视瞄准镜组成。还配有杀伤爆破榴弹、燃烧弹、烟雾弹、照明弹。

该炮采用药筒分装式炮弹，配有杀伤爆破榴弹和照明弹外，还可发射装有5个燃烧罐的燃烧弹。

◇ 60式122毫米加农炮

60式122毫米加农炮是根据前苏联D-74式122毫米加农炮仿制而成，1960年生产定型，现在仍在装备部队。

该火炮采用单筒身管，装双室冲击式炮口制退器；炮闩为半自动立楔式，开闩板为冲击式，抽筒子为凸轮式；制退机为液压节制杆

◇ 59-1式130毫米加农炮

59-1式130毫米加农炮是59式

130毫米加农炮的改进型，1970年定型并大量装备部队，是目前我军的主力加农炮。该炮采用60式122毫米加农炮的炮架；炮闩改为半自动立楔式；反后坐装置由上下配置改为在炮身上方左右配置；摇架由框式改为筒式；增加射击支承座盘，将多孔式炮口制退器改为双室冲击式炮口制退器；增加架尾滚轮；取消炮身推拉器和行军时的前车。该炮采用药筒分装式炮弹，配有杀伤爆破榴弹、杀爆燃榴弹、A型远程杀爆榴弹、B型远程杀爆榴弹、底部排气增程弹、反坦克子母弹、箭式榴霰弹、烟雾弹、照明弹。

59-1式130毫米加农炮在20世纪70到80年代一直是中国炮兵的主力当家炮，主要装备炮兵师及以后各集团军属炮兵。该炮配用有杀爆燃弹（射程30公里）、远程杀爆弹（32公里）、底排增程弹（38公里）、反坦克子母弹（25公里）等弹药。

◇ 83式152毫米加农炮

83式152毫米加农炮主要用来替代59−1式130毫米加农炮，1986年设计定型，投入批量生产。主要装备陆军集团军属炮兵师，用来压制和歼灭敌方有生力量，通信联络系统和后方设施，击毁敌方主战坦克、装甲车辆和自行火炮，破坏敌方野战防御工事。还可作为海岸炮，消灭敌方水上目标。

该炮全炮重10吨左右。该炮身管采用低镍合金钢，进行自紧处理，装单室冲击式炮口制退器；炮闩为半自动立楔式，并配有闩柄保险机构；采用炮身回转结构，炮身

可回转180度进行牵引，缩短行军长度；采用气胎式车轮；座盘为分离式，行军时平放在大架架尾部平面上，大架并架时自行紧固；采用独立轮转式前车机构及倒车杠杆。

主要技术特点表现为：

① 初速高，达到了每秒955米，这也是实现远射程的前提。

② 射程远，最大射程达到30公里，这已经超出了中国以往火炮的射程。

③ 射速快，每分钟为 3~4发，在当时的大口径火炮中，这样的射速已是比较快的了。

此外，该炮的高低射界为−2.5度至+45度，方向射界左24度，右

26度，行军战斗转换时间为3~4分钟，运动方式可以用汽车，也可以用履带车牵引。其运动速度在良好的公路上可达每小时60公里，越野条件下为每小时15公里。用以装备集团军炮兵旅之加榴炮营或方面军独立加榴炮兵旅。每营炮12门，每旅36~48门。射程远、精度高、威力大；炮身可回转180度以减少行军长度，改善机动性。这种良好的作战性能使得它不仅深受部队的欢迎，而且也大大提高了作战部队炮兵的火力突击能力。

◇ 86式152毫米加农炮

　　86式152毫米加农炮是我国自行设计的第一种大口径远射程加农炮，1986年设计定型。主要性能方面与西方45倍口径155毫米榴弹炮相当，甚至某些方面还稍强一些，在使用的可靠性及炮弹地面散布精度等方面均受到了用户的好评。而且该炮及弹药的成本只有西方155毫米榴弹炮的一半左右，称得上是物美价廉。

　　86式152毫米加农炮主要装备陆军集团军军属炮兵，用来压制和歼灭敌方有生力量、通信联络系统和后方设施，击毁敌方主战坦克、装甲车辆和自行火炮，破坏敌野战防御工事等。也可以作为海岸炮使用，消灭敌方水上目标。战斗全重

9.7吨，行军状态长9600毫米，火线高1480毫米，身管长8060毫米，高低射界为-3度～+45度，方向射界左24度、右26度，行军战斗转换时间4分钟，行军时可用汽车或履带车牵引。

该加农炮采用了多种先进技术，身管为低镍合金钢，预计寿命可达1000发，而且初速高，达到了955米／秒，其最大射程达30千米，配用底排弹可达38千米，达到45倍口径155毫米榴弹炮的水平，最大射速可达5发／分钟，这在当时的大口径火炮中属比较快的

了。

尽管86式152毫米加农炮的性能已经十分出色，但科研工作者们仍在不断地对其进行改进，主要方向是增加弹种以对付不同的目标，将身管改为155毫米口径，使射程最远能达到45千米。

◇ W88式155毫米牵引加榴炮

W88式155毫米加榴炮于1985年开始研制，1988年通过国家鉴定，外贸名称为WA021式155毫米加榴炮。该炮全重9.8吨，由10吨型6轮越野卡车牵引，最大公路时速90公里，越野时速（炮管向后）15公里。这种45倍口径的155毫米加榴炮身管是用电渣重熔钢整体锻造而成，经自紧处理，具有重量轻、精度高、耐磨损的特点，寿命达到1000发全装药远程弹，实现了开闩退壳的自动化。

该炮还配有动力输弹机，由大架上的气瓶提供动力，气瓶充气一次可供弹100发，能在任何角度装填。瞄准装置为数字式瞄准器，能保证在-40℃~+60℃温度范围内进行准确瞄准。

W88式155毫米火炮配用5种远程全排弹，外形是具备先进空气动力技术的枣核弹，加之精度高，弹道性能好，最大射程达39公里。除这些弹药外，该炮还可发射北约155毫米制式弹药。W88式和WA021式155毫米加榴炮配套研制了辅助推进装置，使后来生产的这两型火炮具备了自主转移去阵地的能力，发动机马力为77匹，路速可达18公里/小时；转向系统采用了较易控制的后轮驱动，也可转换为四轮驱动，可轻松完成炮车在复杂地形上前进后退和煞车等动作。能

够以16~18公里/小时的速度行驶80公里。在泥泞路段行军时，牵引车与火炮同时推进，提高了火炮的通过性能。

该炮在WA021式155毫米加农榴弹炮的下架前部安装了一台由493Q型4缸水冷直喷式柴油发动机驱动的辅助推进装置，可赋予火炮最大行程80公里的自行推进能力。辅助推进装置由发动机、液压马达、传动装置以及操纵控制装置组成。

自行式火炮

◇ **83式152毫米自行加榴炮**

83式152毫米自行加榴炮是我国自行研制的第一门带全封闭式旋转炮塔的自行火炮。在1984年10月1日国庆35周年的阅兵式上，83式152毫米自行加榴炮以雄伟的姿态通过了天安门

广场。这种自行加榴炮由火炮、炮塔和履带式底盘组成。火炮通过耳轴安装在炮塔上，炮塔则通过座圈与车体相连接。

该炮的主要用途是：以不间断的火力支援摩托化步兵和装甲兵的战斗行动；压制和歼灭敌有生力量及火器，破坏敌野战防御工事；与敌炮兵、坦克和装甲车辆作战。

83式152毫米自行加榴炮装用的是一门口径152.4毫米的线膛炮，由国产66式152毫米牵引式榴炮改装而成。两者的内外弹道性能相同。经过改装的火炮由炮身、摇架、反后坐装置、方向、高低装置与操纵台、瞄准装置和半自动装填系统等组成。

（1）炮身为单筒炮身。炮尾装有半自动立楔式门。炮口处装的是冲击式炮口制退器，用于减少炮

身的后坐力。在炮身身管中部加装的抽气装置，用于抽出发射后残留在炮膛内的火药气体，防止开启时火药气体进入战斗室形成烟雾，影响炮手操作。行军时，通过装在车体前顶甲板支座上的炮身行军固定器，将炮身在0度状态下紧固。

（2）方向、高低装置与操纵台方向装置由炮塔座圈和方向机组成，用来进行方向瞄准。高低装置由高低齿弧和高低机组成，用来进行高低瞄准。方向和高低装置均有电驱动和手动两种工作方式，主要使用电驱动方式，当电驱动发生故

障时，可用手动驱动。方向和高低装置的电驱动由操纵台控制。除此之外，火炮的电击发也由操纵台控制（火炮的另一种击发方式是机械击发）。

（3）瞄准装置由瞄准具、周视瞄准镜、直接瞄准镜和标定器等组成，用于装定射击诸元，并与方向机和高低机配合进行瞄准。该瞄准装置的瞄准具和瞄准镜的分划用机械数码显示，具有直观易读的优点。

（4）半自动装填系统由输弹机、电气控制系统和液压系统等组

成。利用液压系统提供的液压动力，由电气控制系统控制输弹机，将由人工分别放置在输弹机托弹盘上的弹丸和药筒输送到炮膛。

83式152毫米自行加榴炮配

用的弹药主要是杀伤爆破弹，与66式152毫米牵引式加榴炮通用。炮车的携弹量为30发。作战时，通常使用车外的弹药进行射击，在染毒或放射性沾染地域执行射击任务，如弹药车没有跟上则使用车内的弹药。

该炮的炮塔与战斗室位于车

体的后部。炮塔是火炮回转部分转动的主体，并与车体内部空间构成战斗室。火炮借助炮塔可作360度回转进行环射，加上火炮的-5度~+65度高低射界，使其具有良好的火力机动性，可在一个阵地上对射程内各个方向出现的目标进行射击。炮塔体是一个由装甲板焊接的多面体。各面装甲板的厚度与倾斜度都不完全相同，有一定的防弹能力。行军时，为了防止炮塔自由转动，在炮塔体内左侧装有炮塔行军固定器，能将炮塔可靠地固定住。炮塔顶甲板上装有炮长指挥塔和天线基座（战斗室内设置有一部电台）。炮长指挥塔供炮长观察战场情况，指挥战斗，也可供高平两用机枪射击时使用。在指挥塔的机枪架座上，装有一挺12.7毫米高平两用机枪，可用来对敌空中目标和地面轻装甲目标进行射击。机枪的最大射程为7000米，对空中目标的有效

射程为1600米，对地面目标的表尺射程为3500米。发射速度为80～100发／分。

炮塔与车体后内部构成全封闭式战斗室，三防以乘员个体防护为主。战斗室内设有2个高度和前后位置可作调整的固定座椅，分别供炮长和瞄准手使用。另有2个活动座椅，行军时供2名炮手使用，作战时则挂在座椅钩上。战斗室内设置的弹药架包括炮塔弹药架和车体弹药架。战斗室后甲板的中央开有一个800毫米×800毫米的后门，便于炮手进出和排出弹壳。续弹门位于炮塔后甲板上，供车外向炮塔内续弹用。

83式152毫米自行加榴炮采用的是专门为自行火炮研制的中型通用履带式底盘，它也是这种底盘的第一个用户。该通用底盘选用的大都是我国自行研制的坦克装甲车辆现有的部件，但总体布置则是按照自行火炮的使用要求进行设计的，采用了发动机和传动系统前置的总体布置方案：发动机在

直接喷射式高速柴油机，在转速为2000转／分时的最大功率为383千瓦（520马力），净重895千克。发动机是炮车的动力

车体前右侧，左侧是驾驶室，最前面是传动系统，车体后部是战斗室。这种总体布置方案，可使自行火炮获得较大的战斗室空间，符合目前自行火炮的发展潮流。该履带式底盘由车体、发动机、传动系统和行走系统四大部分组成。底盘自重19吨。

车体由各种形状和厚度不同的薄装甲板焊接而成，具有一定防护能力，可防止子弹和炮弹破片对乘员及部件的损伤。车体内部用隔板分隔成动力传动舱、战斗室和驾驶室。

发动机为国产12缸、水冷、

源，它产生的动力经传动系统各部件传递到行走系统的主动轮，履带将主动轮的扭矩变为驱动炮车的牵引力，使炮车行驶。为保证发动机的可靠起动，该炮配有气、电两种起动装置，以气起动为主，必要时可进行气、电联合起动。空气起动装置本身带有高压空气压缩机，与发动机同步工作，可使高压气瓶内的气压达到150千克力／平方厘米

以上，因而高压空气源能得到充分的保障。在寒区冬季起动发动机时，由于温度低使蓄电池的电容量损失较多，用电起动困难较大，而用气起动则不存在这方面的问题。空气起动装置还可向火炮复进机和炮车的减振器充气。为保证寒冷季节可靠起动发动机，还配有加温装置，它可将柴油燃烧产生的热量，加热发动机的冷却液和机油，并强制冷却液循环。

传动系统为机械式，由传动箱、主离合器、变速箱、行星转向器和侧减速器等组成。行星转向器可使炮车实现原地转向。转向操纵的液压助力机构，可大大减轻驾驶员的劳动强度。

行走系统由主动轮、诱导轮、负重轮、托带轮、悬挂装置和履带组成。每侧有6个负重轮，3个托带轮。主动轮在前，诱导轮在后。履带左右各一条，每条履带由102块挂胶履带板组成。挂胶履带板着地面的橡胶高出金属面12~13毫米，在公路上行驶时不会破坏路面，越野性能也比较好，还可减小履带板在行驶中的噪声。

悬挂装置为拉杆式，在每侧1、6负重轮处各装有一个液压减振器。减振器可吸收炮车行驶时地面对车体的部分冲撞能量，并能衰减车体的振动。

◇ PLZ89式122毫米自行榴弹炮

PLZ89式122毫米自行榴弹炮是我国自主研制的新一代自行火炮，装备陆军部队和海军陆战队。由炮塔和履带式底盘组成，战斗全重20吨，乘员5人。其战斗部分由火炮和炮塔组成，采用发动机前置式，发动机室在炮车的右前方，驾驶室在左前方，炮车的中、后部是战斗室。

该炮武器系统由带炮口制退装置的122毫米榴弹炮和12.7毫米高/平两用机枪组成。火炮为一门口径为122毫米的线膛炮，其身管长度约为口径的30倍，行军战斗转换时间约30秒。主要配用杀伤爆破底凹榴弹，发射速度为5～6发/分。配用的底凹榴弹能增加弹丸飞行的稳定性，提高射击精度，有利于提高火炮射程。最大射程15～22千米，最小射程3.7千米。

火炮在射程和发射速度方面比以往同类火炮有了较大提高。先进的瞄准装置为射击提供了可靠的精度保障；任意角半自动装弹机构，进一步提高了装弹速度；炮身抽烟装置，可及时将发射后的火药气体排出车外，改善了战斗室的工作环境。火炮可进行360度环射和高射界射击，具有较大的火力控制范围，便于实施火力机动。辅助武器有一挺12.7毫米高/平两用机枪，可

对敌直升机、伞兵进行射击，并能
歼灭地面500米以内的敌轻装甲目
标和人员。炮塔外两侧有的烟幕发
射筒可发射烟幕弹。

　　该炮炮塔通过大直径座圈与
车体相连，构成封闭式战斗室。旋
转式炮塔结构使火炮能实施360度
全向射击和高射界射击，火炮瞄准
迅速，具有良好的火力机动性。该
炮还装的自动灭火装置，能扑灭各
种火灾。采用了由我军77式水陆
两栖装甲车开发而来的履带式自行
火炮轻型通用底盘。水冷式增压柴
油机，最大功率330千瓦。地面时

速达60千米，
最大行程500千米。具有较高的运
动速度和较强的越野能力，便于随
伴装甲（机械化）部队行动。新型
液压操纵装置使驾驶更加方便、省
力，转向机可实现自由转向；液压
式换档机构和同步器使换档轻便、
容易；油气悬挂使火炮行驶更加平
稳，履带调整器可快速方便地调整
履松紧。火炮加强了装甲防护，配

在火炮周围形成有效的"幕墙"。车载通信设备不仅保证了炮内和炮外通信，还可用于自动化指挥数据传输。

该炮进行改装后，具有良好的水面机动性能，可在一般海况下行驶和射击，其水上推进时速6千米。PLZ89式122毫米自行榴弹炮装备部队后，使我军炮兵快速火力反应能力得到了进一步的提高。

◇ **W90式203毫米自行榴弹炮**

W90式203毫米榴弹炮口径为203.2毫米，初速933米/秒，射速1~2发/分。发射的弹丸重量和射程分别为：底凹弹，弹重95.9千克。其战斗全重为16396千克。火炮的高低射界为−5~+65度，方向射界为25度。牵引速度为公路90千米/小时，土路50千米/小时。

中国203毫米榴弹炮是对付点目标和面目标的良好武器，可在远距离上与敌方炮兵作战，压制和打击敌多种目标，也可作为海岸炮打

备有"三防"装置；战斗室装备的观察系统可以在关闭战斗室各门窗的情情下，观察地形、战场、道路及搜索目标。红外夜视仪可在夜间不暴露灯光的情况下，供驾驶员观察道路和目标。烟幕发射装置能够

击水面目标。如果配备特种弹则作战任务更灵活，如配备核弹又具备了威慑能力。

该炮采用电渣重熔炮钢制成的45倍口径长身管，内有64条膛线，射击寿命1000发以上。炮口采用双室冲击式，炮尾采用与其他火炮完全不同的卡口式炮闩及液压开关闩机构，取消了常规的炮尾零件，由闩体和身管尾端直接啮合。该火炮配有气压输弹机，可在各种射角下将弹丸和药筒输入炮膛。该火炮至少配备了全膛增程底凹榴弹和全膛底排榴弹两种，采用可燃药筒，在世界上处于领先地位。火炮还可发射西方同口径炮弹。

该火炮以203毫米牵引式榴弹炮为基础，火炮内外弹道相同，在M107型175毫米自行炮的底盘中后部位安装了203牵引火炮的身管，构成一门射程威力大的履带式自行火炮，203毫米自行火炮的弹道性能诸元与牵引式基本相同，其高低射界为2~55度，方向射界为30度。火炮行军战斗转换时间为4分钟，最大行驶速度为55千米/小时，最大行程720公里，最大爬坡度33度，越壕宽为 1.905米，战斗全重28.5吨。

该炮具有射程远，威力大，地面密集度较好，火力机动范围广的特点，它采用45倍口径的身

管，比美国的M110系列（其改进型M110A1，A2的身管为37倍口径）和俄罗斯的2S7都要长。因此该炮射程更远，威力更大，美国M110系列最大射程仅为29.1千米（火箭增程弹），俄罗斯的2S7最大射程47.5公里；而我国203毫米榴弹炮的最大射速2发/分和持续射速1发/分，这也优于美国的1.5/分钟发和0.5发/分钟，与俄罗斯2S7相当。

它的攻防正面宽度约为50公里，单炮的火力覆盖面积达到1243平方千米，是美国M110203毫米榴弹炮的5倍，是苏联2S7203毫米榴弹炮的2.7倍。我国203毫米火火炮

配的弹药的威力目前处于世界领先水平，其远程全膛榴弹（枣核弹）的装药量、弹片的均匀性等与西方相比均有较大提高，其弹丸杀伤力是美国M106型203毫米榴弹的1.2~2倍。

◇ PLL05式120毫米自行迫榴炮

中国自行迫榴炮采用WZ551 66底盘，战斗全重16.5吨，携弹量为36发。中国自行迫榴炮的炮塔在车体后部，高低射界为−4 ~ +80度，方向射界达360度。中国自行迫榴炮发射高爆榴弹的最大射程为9.5千米，发射迫击炮弹的最大射程为

8.5千米，发射破甲弹的最大射程为1.2千米。中国自行迫榴炮采用半自动装填方式，因此能始终保持高射速：发射高爆榴弹时6～8发/分钟，发射迫击炮弹时10发/分钟，发射破甲弹时4～6发/分钟。

瞄准与作战模式：自动/半自动/手动；装填方式为半自动；炮塔上装一挺12.7毫米高平两用机枪，备弹5000发，最大射速600发/分；火炮装备先进的双向稳定器并有夜间观瞄仪，使它具有夜间和

行进间对运动目标进行攻击的能力。炮塔两侧装有烟幕弹，以便在作战中隐蔽自己；车内配备有三防装置，可在特种条件下作战。

该自行迫榴炮可以用间瞄准射击方式向远距离目标射击，发射杀伤爆破榴弹或迫击炮弹，然后在几秒种内改用直瞄射击方式，向正在接近前沿阵地的坦克、装甲车辆射击。该炮主要装备我军快反部队、空降部队、轻型轮式装甲部队等。

火箭炮

◇ **90A式122毫米轮式自行火箭炮**

90A式122毫米轮式自行火箭炮是我军最先进的122毫米自行火箭炮，它是将40管122毫米多管火箭发射架装在7.5吨级的铁马XC2200 6X6六轮越野卡车上而制成的。该发射车配备折叠式车篷，具备良好的伪装性能。战斗全重20吨，最大时速85公里，车上载弹80发，40发在发射管内，可在18~20秒内发射完毕；另40发备弹，可在3分钟内完成自动装填，再次发射。在1.5分钟内即可完成从行军状态到发射状态的转换。该火箭炮可发射各种射程的高爆、钢珠、子母火箭弹。火箭弹最大射程40千米，也可发射15千米反坦克布雷火箭弹（六枚反坦克雷），火箭发射车定位、瞄准、发射、装填均可完全自动化。

据报道，90A火箭炮系统的最主要的改进体现在以下四个方面：一是具有发射所有型号122毫米无控火箭弹的能力，包括高爆杀伤弹和高爆杀伤燃烧弹，其最大射程为40公里；二是安装了一种新型的计算机火控系统，该系统包括了GPS接收机和定位装置，比以前的型号具有了更高的精确性；三是操作实现了高度自动化；四是指挥车可通过遥控来部署和控制多部90A系统，以获得最大的火力。

90A使用的火箭可装载4种弹头：高爆弹、高爆燃烧弹、钢珠高爆杀伤弹和子弹药运载器（可装填42.2毫米子炸弹或114毫米地雷）。所有的火箭都使用固体推进发动机，并具有发射后打开的稳定尾翼。90A发射器的操纵仰角为0度到55度，横向操纵角度为左右10度。40枚火箭弹全部发射所需的时间为18秒到20秒，完全再装填的时间为

3分钟。整个系统进入战位的部署时间少于2分钟，由两台水压稳定装置支撑发射系统。

90A式火箭炮是一整套炮兵系统，它包括发射车，火箭弹运输车（可装80枚不同类型火箭弹），指挥

车，前沿观察车（用3维激光测距仪，对目标方位和火箭落点进行测量，配备有激光测距仪、信息处理机、GPS、通讯机等）。

一个90A122毫米火箭炮营的标准配置包括：3个炮连，1辆营指挥车，3个前沿观察哨，1辆维修车，全营18门火箭炮。每个炮连包括：

1柄连指挥车，6柄火箭发射车，6辆火箭弹运输车，全连一次全额携弹量960枚火箭弹。全营2880枚火箭弹，在作战中可在3分20秒内就能将所携带弹药全部发射完毕，以火力密度取胜，短时间内火力杀伤力巨大，弹雨如注。

◇ **PHZ89式122毫米火箭炮**

PHZ89式122毫米火箭炮是我国自行研制的新一代履带式自行火箭炮，由武器系统和底盘组成，战斗全重约33吨，弹药携行量80发，乘员5人，主要装备陆军装甲（机械化）部队。

火箭炮的武器系统由炮塔（车体）、发射架、自动装填机构等组成。炮塔（车体）内有火炮驾驶装置和人员乘座位置，具有"三防"功能，外部装有1挺12.7毫米高/平两用机枪；发射架上装有40根内径为122毫米相互平行的定向管，电动/手动瞄准装备能够快速、准确地调整火炮射角和射向，40发火箭弹

可在20秒内发射完毕；自动装填机可在3分钟完成再次装填，并迅速进行第2次发射；高/平两用机枪不仅能够对敌直升机和伞兵射击，亦可压制/歼灭地面500米内的轻装甲目标和暴露人员。

　　该炮采用了专门设计的履带式自行火炮中型底盘。功率强大的发动机使火炮具有较强的越野机动能力；液压助力的操纵装置与新型转向机、变速箱同步器配合，使驾驶员的操作更轻便、快捷；独立的扭杆/油气减震悬挂装备使火炮在各种地形上的行驶能力大幅度提高，能够伴随装甲（机械化）部

队机动作战；车载通信设备可进行火炮内/外部通信，并保障指挥自动化的数据传输。

　　PHZ89式122毫米火箭炮的主要特点是：结构简单、可靠性高、越野和火力机动性强、火力猛烈、射程较远，总体性能先进。多箭联装的大口径火箭弹可在极短时间内在目标区形成大面积的火力毁伤区，给敌方以歼灭性的打击。该炮装备部队后，

使炮兵的火力打击能力有了进一步的提高。

◇ WS-1B式320毫米轮式自行火箭炮

WS-1B多管火箭系统由WS-1B火箭、火箭发射车、射击指挥车和运输装填车等组成。一个火箭连为一个作战单元，包括1辆射击指挥车、6~9辆火箭发射车和6~9辆运输装填车。WS-1B可以4管或8管齐射，它的主要特点是射程远、反应速度快、精度高、安全可靠和成本低廉等，可以用来攻击敌方军事基地、集群装甲部队、导弹发射阵地、机场、港口、交通枢纽、政治经济中心、工业基地等。

火箭长约6.2米，直径与WS-1相同，起飞质量708千克；最大射程180千米，最大飞行速度为5马赫，最大飞行高度60千米。其单燃烧室固体发动机长约4.7米，重538千克，采用复合推进剂，装药量为376千克，发动机最大推力275千牛，工作时间为5.3秒。战斗部重150千克，可根据作战需要选用两种战斗部，一种是内装钢珠和预制破片的杀伤爆破战斗部，主要用于

打击人员等软目标；另一种是子母弹战斗部，主要用于摧毁敌装甲集群目标。

◇ WS-2多管火箭炮

WS-2即"卫士二号"，是四川航天技术研究院新近研制的一种带有控制系统的远程多管制导火箭武器系统。这类制导火箭具有双重用途，可使用制导火箭和战术导弹等多种弹种。它以高机动轮式越野车为运载方式，采用六联装贮运发射箱，火箭弹可根据不同的战术要求，换用六种以上不同类型的战斗部。

WS-2与"卫士二号"早期系列火箭武器系统相比具有明显的优势。

首先是射程加大。火箭炮的射程与火箭弹的口径有关，WS-2火箭弹弹径400毫米，弹长也增加了不少，射程提高到200千米。就其口径和射程来说，WS-2远程多管火箭武器系统堪称中国目前同等口

径中射程最远的火箭炮系统。

其次是精度提高。为了保证必要的射击精度，火箭弹采用了简易的制导和弹道修正措施，提高了控制精度，射击精度（CEP）小于等于600米，射击密集度小于3‰。

另外，WS-2放弃了以往的圆筒式发射箱，采用了一体化设计的六联装贮运发射箱倾斜单射或齐射。发射准备时间不超过12分钟。这也是目前世界火箭炮发射箱最主流的设计样式，因为火箭弹采用密封箱装弹后，储存和发射均很方便。而且，配用的弹药运载车上装有自动装填系统，一次齐射完成后可迅速再装填。其发射车采用新型8×8高机动轮式越野车为底盘，具备良好的机动性。

对于火箭炮来说，提高其射程、打击精度以及毁伤威力已经成为主要发展趋势。WS-2火箭炮系统具有射程远、齐射威力猛、作战反应快、使用维护简单、价格低廉、效费比高等许多优点，甚至可在一定程度上替代价格昂贵的短程战术弹道导弹。由此看来，其市场和发展前景相当广阔。

◇ A100型300毫米多管火箭炮

A100型300毫米多管火箭武器系统是由1辆指挥车、4~6辆发射车和4~6辆运弹车组成一个基本作战单元。火箭发射车采用TA80型越野车为底盘；配备的火箭弹安装有简易控制系统，可保证攻击的准确度。

火箭弹采用先进的一次抛散的

破甲、杀伤双用途子母弹战斗部，开壳、抛壳、抛撒子弹一次完成。火箭弹弹长7.3米，直径0.3米，起飞质量840千克，战斗部质量235千，杀伤威力方面达到了世界先进水平。子弹的破甲厚度不小于50毫米，有效杀伤半径不小于7米，子弹散布半径为10040米。每辆发射车车载弹数10发；战斗部质量235千米；子弹数>500／弹，一门火箭炮一次齐射10发火箭弹，可在目标区上空投射出5000枚子弹药。

中国A100火箭炮对炮弹采用的

是简易飞行控制技术系统，突破了远程火箭武器精度较差的瓶颈，分别对横向偏差和射程偏差进行了修正。火箭弹在85千米上的散布误差小于1／300，在多管火箭领域来说几乎是最高的，甚至超过了身管火炮的射击精度。

A100供弹车采用的是88越野底盘，自重21吨，载重22吨，可携带10发火箭弹。满载时在公路上最大行驶速度可达60千米／小时，一次加油行程不小于650千米，最小转弯半径15米，最大爬坡度57％，最大涉水深度不低于1.1米。该车可运载两组10火箭弹，车后带有随车吊装弹药。

◇ 81式122毫米轮式自行火箭炮

81式122毫米40管火箭炮是仿制前苏联BM-21火箭炮的产品，1982年设计定型，是目前我军的主力火箭炮。

该炮的定向器为2.2毫米厚的薄壁管，并带有螺旋导向槽，40根定向管通过前后方形支座用纵、横拉紧带集合成束；采用箱形万能支承回转盘；电动高低机和方向机安装在回转机低座箱体内，采用电传动为主，手摇动为辅的传动系统；整个火箭炮以座圈为基础安装在SX250越野车底盘上；发火装置以汽车的蓄电池为电源，它与时间继电器组成的发火系统可实现车内连发或单发，该火箭炮还有车外发射装置。

该炮配用的81式122毫米杀爆榴弹是低旋尾翼式火箭弹，它是靠弹尾的4片弧形翼片来实现稳定的。

反坦克炮

◇ **120毫米88轮式自行反坦克炮**

120毫米88轮式自行反坦克炮战斗全重22吨，乘员4人，主要武器为1门120毫米滑膛炮，其最大后坐力220千牛，高低射界为-6～+18度，战斗射速8发/分。辅助武器包括1挺12.7毫米车载机枪、1挺7.62毫米并列机枪和4具76毫米榴霰弹发射器。弹药基数为炮弹30发，12.7毫米枪弹500发，7.62毫米枪弹2000发，76毫米榴霰弹8发。该炮配有先进的火控系统，其射程和穿甲威力均大于105毫米坦克炮，与125毫米坦克炮相当，虽然火控系统还达不到新型坦克的水平，但公路机动性要远远优于新型坦克，可空运和舰载，也可水上浮渡。其公路最大行驶速度可达90千米/小时，最大行程可达800千米，并具有良好的可靠性和维修性。该车主要用

于装备我军轻型机械化师和快反部队。

◇ 105毫米6×6轮式装甲突击炮

105毫米6×6轮式装甲突击炮由火力系统、火控系统和轮式底盘三大部分组成，战斗全重不超过18吨，乘员4人。主要武器为1门105毫米滑膛炮，最大后坐力140千牛，高低射界-6~+18度，战斗射速6~8发/分钟，可发射已国产化的105毫米炮射导弹，射程5000

米。辅助武器包括1挺12.7毫米车载机枪，1挺7.62毫米并列机枪，4具76毫米榴霰弹发射器。弹药基数为炮弹36发，12.7毫米枪弹500发，7.62毫米枪弹2000发，76毫米榴霰弹8发。火控系统包括稳像火控、测瞄制导仪、双向武器稳定器等。

该车采用了发动机和传动系统前置的总体布局方案，为布置弹药和乘员工作提供了较大空间。车载的105毫米滑膛炮具有弹道低平、直射距离远（超过2000米）、弹丸飞行时间短（飞行3000米小于2秒）、射速快、弹药基数大、寿命长和保养费用低等优点。其发射的尾翼稳定脱壳穿甲弹，最大直射距离不小

于2000米，在1500米距离上可穿透550毫米厚均质钢装甲。另外，该炮的机动性好，具备水上浮渡能力，并可空运和舰载，公路最大行驶速度可达80千米/小时，最大行程可达800千米，燃料消耗比履带式自行炮少60%～80%，再加上可靠性高，维修简便，所以备受部队青睐。它将主要装备我军轻型机械化师，用以替换现役的100毫米自行反坦克炮。

◇ 87式100毫米6×6轮式自行反坦克炮

　　87式100毫米6×6轮式自行反坦克炮是我国对轮式装甲突击炮最早的尝试，资料上将其称作87式100毫米6×6轮式自行反坦克炮，该炮在WZ551底盘上面安装了一门86式100毫米滑膛反坦克炮及装甲炮塔，是我国第一代轮式装甲突击炮。炮塔外廓较高，装甲倾角较小，安装有88系列主战坦克上发展而来的车长指挥塔和炮长观瞄火控装置，在炮塔前部两侧各装有4具烟幕弹发射器，仅正后方装有栅状防护栏。底盘没有作多少大的改动，因为重量的增加，机动性相比WZ551系列有所下降，防护能力也不足。该型号最大的缺点在于：

100毫米滑膛反坦克炮威力不足，虽能发射尾翼稳定脱壳穿甲弹，但也仅能对战后第二代主战坦克造成威胁，无法应对普遍装备复合装甲和反应装甲的现代主战坦克；另一方面因为采用轮式装甲人员输送车作为底盘导致火线高，外形尺寸过大，重量的提高造成了防护和机动能力下降。

虽然该型号有些不尽人意之处，但该型号最大的功劳在于填补了此类装备的空白，是我国轮式装甲突击炮的先行者，为快反部队提供了急需的火力支援车，并借此演练了新战法。

◇ PTZ89式120毫米自行反坦克炮

PTZ89式120毫米自行反坦克炮是威力最大的国产反坦克炮，在全球范围内也属佼佼者。该炮的出现，弥补了我军大口径自行反坦克炮的空白。其主炮为120毫米滑膛反坦克炮，发射半钢套钨合金脱壳穿甲弹时，初速1740米/秒，可在2000米距离上击穿400毫米厚的均质装甲板，威力足以击穿包括M1在内的各国现役主战坦克。其他弹种还有杀伤爆破榴弹等。炮身安装有抽气装置和均温护套，可防止身管因冷热不均而变形，大大提高了射击精度。该炮使用自动装弹机供弹，有利于减轻乘员的工作强度，提高发射速度。辅助武器为一挺12.7毫米高平两用机枪，炮塔的焊接式装甲可防枪弹和炮弹破片。

该炮采用了测瞄合一、双向机械装表扰动式简易火控系统。该火控系统由测瞄镜、耳轴倾斜传感器、方位角速度传感器及火控系统计算机等组成。可在5000米内观

察、识别目标，在3000米内解算射击诸元、自动装表与操作。由于采用了高低角与方位角双向稳定炮控系统，使该炮可在行进间搜索、捕捉、瞄准目标。

PTZ89式的履带式底盘是我国专为自行火炮研制的中型通用底盘的改进型，国产152毫米自行榴弹炮用的也是这种底盘，其越野性能较好，能够迅速占领和撤出阵地，便于实施兵力机动，伴随机械化部队行进和作战。该自行反坦克火炮的战斗全重为30吨，全长8.6米，乘员4人，最大行驶速度55千米/小时，最大行程450千米，发动机功率为390千瓦。

PTZ89式自行反坦克炮虽然在防护、火控性能等方面都略低于主战坦克，但相应的价格也比同等火力的主战坦克便宜许多。在防御战斗中，如果能够巧妙利用地形和战术优势，PTZ89式不但具有较高的战场生存能力，还完全有能力将敌方主战坦克打成一堆废铁。

迫击炮

◇ W99式82毫米速射迫击炮

W99式82毫米速射迫击炮的外观与俄罗斯82毫米AM2B9自动迫击炮一模一样。后者于1971年前后装备苏军，也曾在匈牙利生产。W99型迫击炮重650公斤，正常情况下需要四到五个人操作，其最小射程为800米，最大射程为4270米。与传统的前部装弹的81毫米和82毫米迫击炮相比，W99型82毫米迫击炮的操作优势包括：可以选择单发或速射，发射速度更快；可以采取常用的间接瞄准，也可以采取直接瞄准。

据出口此炮的北方工业公司介绍说，W99型迫击炮装备有标准的瞄准系统及射击计算器，但没有介绍后者的细节。它可以发射W99型82毫米高爆迫击炮弹，也可以发射现有的82毫米迫击炮弹的改进型，最大初速度为272米/秒。四枚炮弹的弹夹从右侧装入，1.5秒内就可以连发四枚。火力可覆盖左右为30度，仰角介于-1~+85度之间的区域。射击角度较低时通常采用后部装弹，也可以从前部装弹。

整套的俄罗斯2K21迫击炮系统包括AM2B9迫击炮、载于GAZ-66两吨卡车的2F54运输车及226发82毫米迫击炮弹。2B9迫击炮通常装在GAZ-66后部，需要投入战斗时使用车载齿轮装置卸下来。

◇ 93式60毫米迫击炮

93式60毫米迫击炮是我国最新研制的新一代迫击炮，目前已列装到我军部队。93式60毫米远射程迫击炮，是我军山地步兵、空降

兵、海军陆战队、快速机动部队的理想压制火炮，具有结构简单、重量轻、火力大、射程远、机动性好等优点，其各项战术、技术指标达到或超过世界同类武器的水平。该炮的研制成功，标志着国产迫击炮的研制开发能力已处于世界领先水平。

该炮采用了轻合金材料，在身管大幅度增长的情况下，重量仅比原89式60迫多出4.15公斤（为9.4公斤），而射程却比89式远出2899米（为5564米）。即便与世界名炮——法国的60毫米迫击炮相比，在重量基本相当的情况下，其最大射程也超过法国迫击炮564米（法国60毫米迫击炮为5000米）。从而成为目前世界上同类口径中射程最远的迫击炮，国产93式60毫米迫击炮具有优良的战术性能。

（1）火力反应快

PP93式迫击炮可实施360度圆

战场上的火力骨干 火炮

见。

（2）杀伤效果好

PP93式迫击炮的炮弹为稀土球墨铸铁，破片性能良好，有效杀伤半径为17.8米。此外，炮弹的引信性能也相当好，在山地、乱厂、水面和鹅卵石滩地的发火率均为100%。

（3）适应性强

PP93式迫击炮具有多用性的特点，不论进攻还是防御，也不论乘车还是徒步，PP93式迫击炮都能够以可靠的射击动作和迅速的伴随行动支援步兵战斗，特别是在战场地形和兵力部署情况复杂，战斗处于高度激烈状态时，PP93式迫击炮能

周射击，而即便是目前世界上最先进的迫击炮之一的北约标准口径81毫米迫击炮，也不具备全方位射击的能力。此外，PP93式迫击炮能背能扛，单人单炮射击也相当容易，在紧急情况下可不必构筑座钣坑直接实施射击，反应速度之快显而易

130

以最大的射程压制敌人、以最小的射程实施伴随射击。

93式60毫米远射程迫击炮在我陆军各部队中全面列装，必将使我陆军步兵分队的作战能力得到一个整体性的提高。

◇ **90式60毫米迫击炮**

90式60毫米迫击炮是最新研制成功的一种小口径迫击炮。该炮的炮身由炮尾、身管和缓冲机套筒组成，身管采用高强度钢制成的薄壁圆管，缓冲机套筒安装在身管的中部附近，与身管同心，套筒内有缓冲簧，保证火炮在射击时，无论是后座还是复进，都不发生刚性撞击，这种设计结构紧凑，射击时稳定性好；炮架用钢管或铝合金制成，高低机位于脚架中间，采用螺母螺杆结构，有自锁装置，方向机在脚架上方、有套箍与炮身连接，也采用螺母螺杆结构；另外炮架上还有调平机构，炮架上装有瞄准镜，夜间射击时，配有二极管发光照明具；火炮的底钣呈圆形。

火炮能发射榴弹、照明弹、烟雾弹、燃烧弹多种弹。榴弹外形为枣核形，弹体用稀土镁球墨铸铁制成，弹尾采用钢铝复合结构，尾杆是钢制圆杆，上面开有小孔，尾翼

131

是用铝合金制成的6个尾翅片；尾杆周围可装9个马蹄形的药包盒，射击时可依据射程的要求，调节药包盒的个数。

◇ PP87式82毫米迫击炮

PP87式82毫米迫击炮于1987年设计定型，1988年投入批量生产，目的是用于取代67式82毫米迫击炮。

该炮的炮身由炮尾、身管和缓冲机套筒组成，身管采用合金钢制成；缓冲机采用我国首创的套筒式缓冲机，安装在身管的中部附近，与身管同心，套筒内有缓冲簧，保证火炮在射击时，套筒沿炮管上、下滑动，无论是后座还是复进，都不会发生刚性撞击，这种设计结构紧凑，射击时稳定性好，有助于提高射击精度；炮架用铝合金制成，高低机位于脚架中间，采用螺母螺

杆结构，方向机在脚架上方、有套箍与炮身连接，也采用螺母螺杆结构，另外炮架上还有调平机构；炮架上装有53式82毫米迫击炮瞄准镜，夜间射击时，配有二极管发光照明具；火炮的底钣用合金钢冲压而成，呈圆形或三角形。

该炮配用杀伤榴弹、杀伤燃烧弹、钢珠榴弹（4.5KG）、钢珠杀爆燃弹、照明弹（4.75KG）、发烟弹。

◇ 80式100毫米迫击炮

80式100毫米迫击炮于1980年设计定型而成，投入批量生产，主要装备空降部队。该炮身管采用710高强度钢制造；炮箍槽为1个，适于空投和人力搬运；炮架部分零件用LY12和LC4超硬铝合金制成，铝合金零部件表面经硬质阳极氧化处理，提高其耐磨性；座钣改用TA7钛合金材料；该炮的结构特点与71式100毫米迫击炮相同；还配有电控手推式空投车，火炮和弹药

可同时装车空投，空投后用小车和人力搬运。口径为100毫米，全炮重52千克，炮身重20.5千克，炮架重15.5千克，座钣重16千克。

◇ 71式100毫米迫击炮

71式100毫米迫击炮于1971年设计定型而成，投入批量生产并装备部队。该炮炮身采用无缝钢管制成，外部制有上、下炮箍槽和鞍具卡箍槽，上炮箍槽用于小角度（45~62）射击、下炮箍槽用于大角度（54~80）射击。口部为内锥形，便于装填炮弹；采用拉发和迫发两种射击方式；炮架结构和67式82毫米迫击炮相似；采用梯形座钣；配用62式瞄准镜。该炮配用杀伤榴弹、照明弹、发烟弹。

第四章　世界著名火炮

近代，帝国主义国家用大炮轰开了中国的国门，也震醒了迷茫的中国人民。学习西方国家的先进技术，制造我们自己的武器迫在眉睫。一个国家的强大，必定要有强大的军事实力做后盾。以前，我国的军事力量很薄弱，因而总是处于落后挨打的地位，而帝国主义依仗着其强大的武力威胁，随心所欲地对其他国家进行侵略。如今中国的科技水平越来越先进，军事力量也相应得到了极大的提高，虽然我们并没有侵略别国的意愿，但我国的军事力量对其他国家仍然起到了很大的震慑作用。

一个国家的军事力量强大与否，首先就体现在其武器的先进水平上。因而，世界上很多国家都有举行阅兵的传统，阅兵既是对前一段时间国家军事水平提高的一个总结，同时也是对世界的一个宣告仪式。虽然在现代社会，动用武力不再是简单的某一个人或某一些人的意愿，武力也并非就能够解决世界上所有的争端，和平磋商还是主流。但是也不排除有些时候确实不得不动用武力来解决，而每当这个时候，武力的高低在战争中就起到了绝对关键的作用。

世界上的武器多种多样，有陆地的，有海上的，还有空中的。而在所有的陆地武器中，火炮还是占据了绝对重要的位置，可以说火炮的优劣很可能会直接导致一场战争的成败。从早期笨重且缺乏精确度的火炮，到如今的机动灵活且命中率极高的新式火炮，中间经历了很长的发展过程，而且每一个变革，每一步改进，其实都凝聚了智慧和生命。

美国著名火炮

◇ **美国155毫米M109系列自行榴弹炮**

M109型自行榴弹炮是世界上装备数量和国家最多、服役期最长的自行榴弹炮之一。该炮于1952年开始研制，1959年制成了第一辆样车，最初打算使用156毫米口径，但后来决定采用155毫米口径。1963年7月正式定型为M109式，并开始装备美国陆军，是美军的主要火力支援武器。1974年以前，M109自行火炮由通用动力公司麾下的凯迪拉克汽车分公司和克莱斯勒公司生产，1974年以后改由BMY公司生产，生产量达到约7000辆。到1988年，M109共生产了6700多辆，其中美军装备了2400多辆，其余4000多辆出口到英国、德国、加拿大、以色列、伊朗、伊拉克等30多个国家和地区。

（1）结构及特点

其总体布局为：铝合金装甲

车体和旋转炮塔、炮塔位置靠后、动力装置前置、主动轮在前。车后两侧各有一个可折叠助锄。该车克服了原来M44（155毫米）和M55（105毫米）自行榴弹炮敞开式炮塔和高大笨重的缺点。经过设计鉴定，1963年7月M109正式开始装备美军的装甲师、机械化步兵师和海军陆战队。

M109具有现代典型自行榴弹炮的各种特点。其155毫米的口径是当今的主流口径，可以发射北约标准的各种弹药，M548或者M992供弹车可以为M109提供弹药补给。M109的机动性能不错，可以迅速进入和撤离发射阵地，并跟上机械化部队的推进速度，利用浮囊还可以浮渡江河，M109的重量也可以由飞机空运。

（2）"游侠"Paladin

美国的自行火炮发展充满了戏剧性。19世纪70年代以来，美军长期搞自行火炮"三驾马车"并行发展，这就是M109式155毫米自行榴弹炮、M110式203毫米自行榴弹炮和M107式175毫米自行加农炮。进入20世纪90年代，美军忽然讨厌起超大口径自行火炮，开始逐步淘汰175毫米加农炮和203毫米榴弹炮。替代它们的是MLRS多管火

箭炮。这期间，为了适应21世纪作战需要，美陆军大力推行"先进的野战火炮系统"研制计划，于是产生了"十字军"式155毫米自行榴弹炮。可是正当"十字军"准备于2006年进入部队服役、扮演"未来数字化战场上的第一种重要炮兵武器"时，整个发展计划又突然全部取消。不过，这倒使M109A6式"帕拉丁"自行火炮更引人注目了。

在其服役的20世纪60~90年代期间，M109的改进一直都没有停止过，使其始终保持着先进的水平。尤其是其最新的M109A6"游侠"（即帕拉丁，Paladin）对火控系统进行了很大的改进，因而它将成为21世纪第一个10年装甲野战炮兵系统（"十字军战士"自行火炮）出现之前，美军重型机械化部队主要火力支援武器。

"游侠"于1992年4月开始装备美军部队。战斗全重增加到28.7吨；采用半自动装弹系统，成员人数减少到了4人；换装了M248火炮，对身管和发射药都进行了改进，榴弹射程增加到23.5千米；新型带"凯夫拉"装甲的焊接炮塔；全宽炮塔尾舱，可以储藏更多发射药；基于电子计算机的新型自动火

控系统，和其他战斗车辆实现了战场信息资源共享，可以在60秒之内完成从接受射击命令到开火的一系列动作；新的隔舱化系统；新型自动灭火抑爆系统；特种附加装甲等。"游侠"还具备在发射之后能够迅速转移阵地的能力。

M109A6式"帕拉丁"自行火炮是M109式的最新改进型，是近期美军野战炮兵的第一主角。它将与M777轻型155毫米榴弹炮、M270A1式多管火箭炮和"海马斯"高机动性火箭炮系统一起构成美军主力野战炮兵系统。帕拉丁是古代著名军事统帅查理大帝的得力宫廷护卫。美军将推出的M109A6式改进型命名为"帕拉丁"，看来是对它寄予了很大希望。

"帕拉丁"的重大改进是利用了信息化技术。它采用先进火力支援指挥与控制系统，能在连续作战行动中实现火力支援手段的自动化协同和控制。炮上计算机系统可接收并处理外部大量信息，可自动计算出精确的射击诸元，自动选择击毁目标的弹种、用弹量以及引信组

合。火炮上的实时弹丸跟踪系统可根据实时误差数据修正弹道。

"帕拉丁"装备有车载全球定位导航系统，提高了火炮机动的准确性，使它能在缺乏外部技术支援的情况下独立作战。它从行军状态到发射完第一发炮弹用时不超过一分钟，然后立即转移到300米外的安全地点继续战斗。然而老炮改造的潜力毕竟是有限的。它发射火箭增程弹最大射程只达到30公里，落后于世界上其他同口径自行火炮。

（3）多种改进型

M109经过改进，产生了多种改进型：

①M109A11970年定型。换装了39倍口径的M185榴弹炮，榴弹射程提高到18.1千米。

②M109A21977年定型。改进了输弹机、反后坐装置和炮塔尾舱。携弹量因此增加到36发。

③M109A3按照A2的标准改进的A1型被称为A3型。

④M109A4改进三防装置和整车的可靠性和可维修性

141

⑤M109A5发射火箭增程弹，射程可以达到30千米

⑥M109A6

⑦Paladin"游侠"（"帕拉丁"）

◇ 美国298毫米M270火箭炮

298毫米M270火箭炮是美国研制的12管全

新自行火箭炮，是现在炮兵武器中威力最大的战场压制、拦阻和破坏进攻的武器。特点是半自动供弹，炮手少，只需3人操作。

主要由发射装置、火控系统、运载车、弹药车、电源等组成。火炮口径296毫米，有发射管12个，配用双用途子母弹、反坦克子母雷弹（最大射程均为40千米）、末制导子母弹和化学弹（最大射程45千米）等。一次发射12发炮弹只需1分钟；发射方式有单发、连发和齐射。火炮从行军状态转入战斗状态仅需5分钟。该火箭炮战斗全重2.5吨，最大行军速度每小时64千米，最大行程483千米，涉水深1.2

米，通过垂直障碍物高0.914米，越壕宽2.29米。1枚子母弹重310千克，内装644个子弹，每个子弹重0.23千克，能穿透100毫米厚的钢板，杀伤人员半径为3米。1枚反坦克子母弹重257.5千克，内装7个地雷布撒器。每个地雷布撒器可装4个反坦克雷。1门火箭炮一次可发射336个反坦克雷。这种反坦克雷能破坏坦克履带或穿透140毫米厚的钢板。

1991年海湾战争中美军曾大量使用M270式火箭炮，用其攻击伊拉克的炮兵阵。

◇ 美国十字军战士自行火炮

美国联合防务公司研制的面向21世纪的美国陆军地面火力支援武器，将是世界上杀伤力最强、战术机动性最强的火炮。1987~1998年开始进行部件研制和样车试制，2000年1月研制出样车，计划2005~2008年开始批量生产并装备美国陆军，美陆军计划采购824套。现在研制计划已经被取

消。

　　该系统由XM2001 155毫米自行榴弹炮和XM2002供弹车组成，采用相同的底盘。具有24小时全地型、全天候作战能力。它采用了M1主战坦克的通用底盘，应用了最新的车载式网络化信息处理技术，具备自动化火力控制和指挥控制能力。"十字军战士"在射程、精度、弹药补给、机动型、信息化、自动化等方面比现装备的M109系列自行榴弹炮均有极大的进步。

　　"十字军战士"自行榴弹炮采用56倍口径身管155毫米火炮，最大射速10~12发/分，发射榴弹时射程为40公里，发射增程弹时最大射程为50公里。战斗全重55吨，单位功率27马力/吨，最大公路行驶速度67公里/小时，越野速度48公里/小时。乘员3人。供弹车可自动向自行榴弹炮的弹舱补充弹药，不需要人力，补充一个弹药基数48发仅需10分钟。自行榴弹炮和补给车通过战术火力控制系统联为一体。炮和

车采用最新的车载式网络化信息处理技术，具备自动化火力控制与指挥控制能力。

该炮在接到命令之后的15秒后开始射击，60秒内发射10发炮弹，90秒后转移到750米外新的阵地，再过30秒开始新的射击。仅仅3辆"十字军战士"就可以在20分钟内实施180发炮弹的攻击，相当于18辆M109A2或者9辆M109A6"游侠"的威力。

◇ 美国M270火箭炮

该炮于1983年开始装备美国陆军，用于压制和歼灭有生力量和技术兵器，集群坦克和装甲车辆等。它由M2步兵战车该型履带式装甲运载发射车、发射箱及火控系统组成。最大射程（末制导反坦克子母弹）45000米，最小射程10000米，有1根定向管，可单发或连射，战斗状态全重25191千克。

美国M270式227毫米12管火箭炮于20世纪70年代开始研制，1983

年装备美军，由沃特公司生产。同年5月，根据和美国达成的协议，法国、德国、英国和意大利共同生产该型火箭炮，成为北约的制式武器，称为MLRS。除了上述国家，该火箭炮现在已经装备了日本、韩国、泰国、新西兰、澳大利亚、

陆军战术导弹的能力），总共发射了17000多发子母火箭弹（含1170万个子弹），给伊拉克军队造成了巨大的损害和威慑力。

武器系统由发射装置、火箭弹、运载车和火控系统等部分组成。发射装置分成左右两个发射箱，每个箱中有6个发射管，里面贮存6发火箭弹。运载车利用著名的步雷得利步兵战车改装而成，它有很强的越野机动能力，它发射的火箭弹是一种双用途子母弹，弹的长度约为4米，战斗部直径最初定为203毫米，以后为了提高威力，改成227毫米，全重310千克。战斗部内装有644个反步兵/反装甲双用途子弹，它的直径只有35毫米，重230克，可以击穿100毫米厚的装甲，毁伤车内的设备和人员。美国后来又进一步改进了火箭弹的发动机，使它的射程增加到了45千米。

荷兰、希腊、沙特阿拉伯、土耳其和以色列等国。总定购量超过1000门。该型火箭弹采用模块化技术、机动性和防护性能好、火力密集且精度颇高，尤其是还可以同时具备发射陆军战术地对地导弹（ATACMS）的能力，被西方认为是最好的火力支援系统。改进型号有 M270A1 和 HIMARS（High Mobility Artillery Rocket System——高机动性火箭炮兵系统）。1991年海湾战争中，美军一共投入了189门M270火箭炮（其中18门具有发射

俄罗斯著名火炮

◇ **俄罗斯2A36式152毫米牵引加农炮**

　　2A36式152毫米牵引加农炮于1976年开始生产，1981年开始列装，每个炮兵连装备6门或8门，用以取代早期生产的M-46式 130毫米加农炮，

以满足集团 军和炮兵师反炮兵作战的要求。北约国家称该炮为M1976式加农炮。1985年5月，该炮正式在莫斯科红场阅兵式上公开出现。该炮主要用于为集团军提供全般火力支援、也可进行直接瞄准射击。海湾战争期间，伊拉克军队曾使用该炮。由于无装甲防护，加之多国部队空中火力强度较高，基本上没有发挥作用，多国部队战后缴获大量此种火炮。

　　（1）性能特点

　　①射程远、精度高、威力大；

　　②适应能力强，可在-50℃～+50℃的环境作战；

　　③配用弹种多，可执行

多种射击任务；

④外形尺寸和重量大，行军、战斗状态转换时间稍长。

（2）识别特征

①采用5室炮口制退器；

②火炮炮身与2C5式155毫米自行加农炮的相同，炮身随摇架转动；

③火炮配用4轮悬挂式炮架和焊式箱形开脚大架，还有向后倾斜的V型防盾。战斗状态时，火炮由位于炮架前部下方的圆形底盘和带有驻锄的大架架尾

支撑。行军状态时，炮身朝前；

④炮车的4个车轮采用充气轮胎。2个前负重轮上各装有1个液压减震器和手动刹车装置。

◇ 俄罗斯诺那−2C23式120毫米自行迫榴炮

诺那−2C23式120毫米自行迫榴炮是诺那120毫米迫榴炮系列中的最新型，1986年开始研制，1990年列装，该炮主要为空降部队、海军陆战队以及轻型装甲部队提供机动火力支援。

（1）性能特点

①该炮采用轮式底盘，机动性较高，公路行驶时速达80千米，依靠喷水推进装置，水上时速可达10千米；

②可在行军状态和战斗状态间快速转换，可以伴随被支援部

队迅速投入和撤出战斗；

③配用弹种多，可执行多种射击任务；

（2）识别特征

虽然很多火炮外形比较相似，不太区分，但是该炮还是有着区别于其他相似火炮的明显的识别特征，如：

①身管光滑，无炮口制退器和抽烟装置；

②炮塔低矮，四周光滑，防弹外较好，顶置12.7毫米机枪。炮塔两侧有两组各3具烟幕弹发射器；

③炮塔采用全焊接钢制双人炮塔，座圈直径1850毫米，前左侧有1具潜望镜，左右后侧有一个炮长

指挥塔；

④车体是在БТР－80（8×8）轮式装甲人员输送车底盘基础上改进而成，为全焊接钢制装甲结构。

◇ **俄罗斯芍药2C7式203毫米自行加农炮**

俄罗斯芍药2C7式203毫米自行加农炮为前苏联20世纪70年代初期研制，于1975年开始装备部队。每个炮兵团装备24门，每个营8门。主要用于压制和歼灭有生力量及火器，破坏野战工事和其他军事设施，北约称该炮为M1975式。另外，经改进，产生了两种改进型：

2C7C式自行加农炮，采用T-64A坦克底盘改装而成，携弹量增到8发，配有半自动输弹机，装填方式为液压动力或人工；2C7M式，配有多种观瞄器材，全炮倾斜5°仍可以射击，发射增程弹最大射程达50千米。

（1）性能特点

①射程远，威力大，机动能力好；

②配用弹种多，且可发射核炮弹，具有多种作战能力；

③环境适应能力强，可使用于－40℃～+50℃的温度环境；

④具有三防能力。

（2）识别特征

①火炮装在底盘后部，无装甲防护，不带炮口制退器和抽烟装置。炮手座位设在炮尾左侧，炮手座位后面是装填手座位，座位旁边装有护栏；

②采用重型履带式装甲车底盘，驾驶室左右两侧装有较长的排气管，车体前部特征明显，有向前上凸出的箱形，行军时炮管支架以此为基座；

③车体后部安装有与车体同宽的大型液压驻锄，射击时用以承受该火炮的后坐；

④车体采用扭杆悬挂装置，每侧有7个负重轮、6个托带轮，主动轮

在前，诱导轮在后。

◇ **俄罗斯2A65式152毫米榴弹炮**

20世纪70年代中期前苏联开始研制一种新型牵引式榴弹炮，定型后命名为姆斯塔–Б2A65式152毫米榴弹炮，也被称为姆斯塔–Б式，北约则称之为M1987式。该炮1985年开始批量生产，20世纪80年代中期列装，主要用于实施全般火力支援和直接火力支援，可发射2C19式152毫米自行榴弹炮和绝大多数现役火炮配用的弹药。

（1）性能特点：

①重量轻，机动能力强；

②射程远，射速快，杀伤威力大；

③配用弹种多，可执行多种射击任务；

④环境适应能力强，可在–50℃～+50℃的温度条件下作战。

（2）识别特征：

①采用双室炮口制退器，半自动楔式炮闩，反后坐装置为液压气体式。火炮上装有小型防盾；

②双速齿弧形高低机和双速螺杆式方向机，以及直接瞄准具和间接瞄准具安装在火炮的左侧；

③大架为开脚式结构，每个大架上装有1个滚轮，用于开并大架，炮架前下部装有一液压控制的圆形发射座盘。

◇ 俄罗斯2S19自行榴弹炮

2S19型152毫米自行榴弹炮是原苏联解体之前刚刚完成研制的一型履带式自行火炮，用来取代2C3式152毫米自行榴弹炮。

该型自行火炮采用了T-80坦克的底盘和2A65牵引榴弹炮改进而来的火炮。1989年开始装备苏军部队。每个炮兵连装备6门。该火炮国际市场售价为160万美元（1993年价格）。

（1）结构性能

2S19型炮的炮塔左上侧有潜望镜，右前有小型炮长指挥塔，装有1挺机枪、1个白光/红外探照灯和一个昼间红外观察装置。该炮车体前部还配有轻型自动挖壕系统，可在15~20分内挖好防护壕。和美国M109A6"Paladin"自行榴弹炮

相比，射速高、机动性好、携弹量大；但是缺乏自动火控系统和自动定位定向系统，独立作战能力差，弹药没有实现隔舱化，生存率较低。

俄罗斯研制的"红土地"–M炮射导弹适用于2S19自行榴弹炮。还可配用于美国的M109式155毫米自行榴弹炮、南非G6式155毫米自行加榴炮等使用而不需要加套铜箍。"红土地"的弹体可分为两部分，使得其能够存放在自行火炮的标准炮架上，可根据预期的发射任务来确定"红土地"与普通弹药的

携带比例，使弹药的搭配率更合理。相比之下，"铜斑蛇"炮弹的弹体太长，不能存放在自行火炮的标准炮架上。

另外，"红土地"有专门的保护容器，导引头上设有头罩，在战场环境下可以长期存放；运输和使用时与普通弹药相同，没有特殊的要求。而"铜斑蛇"是放在聚乙烯袋中保存的，在战场环境下保存期不能超过75小时；运输时容易受到振动、潮湿的影响和被泥沙污染；使用前需要检查制导装置的光学部件的入射光孔和炮弹的尾翼，以确

弹时，通常在弹体中部套上一个闭气环，它是由紫铜做成的，以弥补口径的差距。

（2）"红土地"–M

俄罗斯现已研制成功了"红土地"的改进型——"红土地"–M激光末制导炮弹，这种炮弹对原有的控制系统进行了小型化加工，使炮弹的体积大大减小。它长955毫米，弹丸重43千克，其中战斗部重20千克，射程达到17千米。与"红土地"相比，"红土地"–M既保持了"红土地"原有的作战和杀伤能

保无损坏和无污染。

西方国家军队的火炮通常是155毫米口径，以往他们在使用"红土地"152毫米激光末制导炮

力，还具有如下优点：

①适合于在所有152毫米和155毫米自行火炮系统的制式弹药架上储存。不需要将弹丸分成两部分，从而使自行火炮系统能携带相当于"红土地"2倍数量的弹药。

②可使用自动装弹机自动装填。提高了火炮的射速，减少了发射准备过程中所需的时间。

③制导炮弹虽然能实现精确制导，但它和导弹却不尽相同，它只是在普通炮弹的基础上加装了制导系统而成。相比之下，导弹的射程更远，速度更快，精度更高，威力更大。它们在结构上的主要区别是制导炮弹一般本身没有动力装置，只是靠火炮发射的初速度，稳定翼和控制舵使炮弹稳定飞行，由制导装置自动导向目标。而导弹均有动力装置；在外形上，激光末制导炮弹虽然均有弹翼，但都是用来稳定和调整方向的，不用于产生升力。

英国AS-90自行榴弹炮

英国AS-90自行榴弹炮是为了替换"阿伯特"105毫米榴弹炮和老式的M109自行火炮而研制的。在原来打算和德国、意大利联合研制SP70计划夭折之后，由英国政府招标，最终英国维克斯造船和工程公司（现为BAE系统公司）的AS90中标，1992年首次装备部队，英国陆军订购了241辆。AS-90还积极开拓国外市场，具有很高的出口潜力。AS90的炮塔采用了维克斯造船和工程公司GBT155通用炮塔的改进型。

AS-90安装了一门39倍径的火炮，射程并不是很远，但该炮可靠性非常好，在长时间射击时，火炮不会过热和烧蚀。AS-90的炮塔内留了较大的空间，可以在不作任何改动的情况下换装52倍径的火炮，动力舱也可以换装更大的功率的发动机。155毫米炮弹由半自动装弹机填装，使AS-90可以保持较高的射速，充分发扬火力奇袭的作用。另外，AS-90的火控系统也非常先进。该系统由惯性动态基准装置、炮塔控制计算机、数据传输装置等组成，可以完成自动测地、自动校准、自动瞄准等工作，使AS-90的独立作战能大大提高。

德国PZH2000自行榴弹炮

（1）自行火炮特点

自行式火炮按行驶方式的不同可分为轮式和履带式两种。按装甲防护程度可分为全装甲式、半装甲式和履带式两种。按装甲防护程度可分为全装甲式、半装甲式和敞开式。其最大特点是：

一是机动性好。一般的自行火炮最大时速30~70千米，最大行程可达到700千米，具有极好的越野能力，能协同坦克和机械化部队高速机动，可执行防空，反坦克和远、中、近程对地面目标攻击等任务。

二是火力强大。使用数辆自行火炮便可迅速形成防空、反坦克和对地面攻击的合理而有效的火力配备系统，可根据目标的不同，最大程度地发扬综合性火力。

三是防护力强。自行火炮吸收了坦克装甲防护好的优点，特别是现代自行火炮大都采用坦克，装

甲车底盘，履带驱动，车体装甲厚度达10~50毫米，而自身又较坦克轻便灵活，可以安装比同样底盘的坦克更大口径的火炮，构成高度机动、火力强大而自身保护能力较强的一种大炮，在战争中起到牵引式火炮无法起到的作用。

（2）PZH2000结构性能

1996年初，德国开始正式采用第一批国产155毫米自行火炮。这种自行火炮被称为自行装甲榴弹炮PZH2000，它的155毫米炮弹、自动装填结构、高级射击控制装置代表了火炮界最新的潮流。

PZH2000装有专为155毫米榴弹炮研制的模式推进装药系统，使用普通炮弹最大射程为30千米，推进装药温度在升高至52摄氏度时，炮弹的最大射程达34千米。德国对这种新式火炮的战术和后勤方面进行了试验。两辆PZH2000共射了2018发炮弹，火炮行驶了3560千米。20发炮弹的最短发射时间为2分30秒。自动装填装置使用电动系

统，操作人员只要按动控制电钮，就可以自动装填炮弹。PZH2000的弹药舱内装有60发炮弹，自动装填装置的弹匣中装有32发供随时发射的炮弹。车载弹道计算机对弹药数据、目标数据以及射击数据进行自动管理。自行火炮车体采用了与坦克相同的防弹钢板全焊接结构。并在炮塔上面新增加了装甲组合板，由厚度为20厘米左右的几十个装甲钢板组成，以保护炮塔内的乘员和弹药舱，使其免受炮弹和反坦克导弹的攻击。

PZH2000火炮的车体前方左部为发动机室，右部为驾驶室，车体后部为战斗室，并装有巨型炮塔。这种布局能够获得宽大的空间。乘员包括车长、炮手、两名弹药手以及驾驶员共5人。战斗重量为55吨。最高时速为60千米，最大行程可达420千米，它具备了主战坦克级的机动能力。它的自卫装备包括安装在炮塔上面的7.62毫米机枪和炮塔前后的烟雾发射装置。PZH2000装有主战坦克级的战斗瞄准系统，能够在夜间作战。它的155毫米炮弹的重量为45千克，初速每次达900米。使用这种炮弹，只需一发命中就可以将M1A1坦克摧毁。

中国著名火炮

◇ 中国PLZ-05自行榴弹炮

PLZ-05 155毫米52倍口径自行榴弹炮于20世纪90年代中期立项。自83式152毫米自行加榴炮之后，中国陆军的主力身管压制火炮已将口径标准改为155毫米。此后研制出的PLZ-45 155毫米45倍口径自行榴弹炮系统主要供出口外销，但解放军陆军部队也有少量装备。

据说PLZ-45自行榴弹炮的技术水平和性能都相当不错。1997年，科威特曾订购了总数54辆的外销型PLZ-45，以及相关辅助车辆，装备了3个炮兵营。在科威特军方和专家组成的实测评估小组作出的结论里，PLZ-45的可靠度、性能、射程、单价都优于竞争对手——美制M-109A6。PLZ-45最早是在1988

年对开公开，代表着中国20世纪80年代末期在火炮领域的最高技术水平；时隔17余年后，中国又推出新型榴弹炮，其技术水平和性能肯定要高于PLZ-45自行榴弹炮系统。

（1）超远的射程

PLZ-05自行榴弹炮采用了52倍口径身管，这显然是受到近年来欧美国家"52倍口径革命"的影响。目前，北约主要国家的师级身管压制火炮均采用了新的52倍口径，包括英国的AS-90、德国的PZH-2000、法国的AUF-2等等。52倍口径代表了世界火炮技术的最新进展和发展方向，中国显然也不希望在这方面落于人后。实际上，中国在火炮制造技术上一直走在世界前列。主要供出口的PLZ-45自行榴弹炮发射中国自行研制的底排弹时射程可达40公里，而发射火箭增程底排弹的射程更达到惊人的50公里，在45倍口径身管火炮里出类拔萃，即使与许多52倍口径火炮

相比也毫不逊色。因此，采用了新的52倍口径身管的PLZ-05自行榴弹炮在射程和弹道性能上理应更胜一筹。据说PLZ-05自行榴弹炮系统发射低阻全膛底排弹（ERFB／

BB）射程超过50公里，发射火箭增程底排弹的射程可达70公里。

（2）自动装填技术

PLZ-05自行榴弹炮采用了俄罗斯2C-19 152毫米自行加榴炮的自动装填技术。俄罗斯2C-19自行加榴炮的装填自动化程度较高，弹丸由自动弹丸装填机装填，弹丸贮存架的设计独特，可将各种不同种类

的弹丸放在贮存架内。装填控制系统可以自动从贮存架内搜寻发射所需要的弹种，也可根据要求调整炮弹数量，并控制整个装填过程。一个活动的装弹盘可使火炮在任何方向和高低射角下以最高射速射击，无需使火炮返回到装填位置。发射

装药由半自动装填，空药筒自动退出，从而减少有害气体的含量，使装填手操作方便、安全。值得一提的是，2C-19的炮塔后部右侧有一个弹丸传送装置；左侧有一个发射装药传送装置，这就缩短了弹丸和发射装药的装填时间，并可直接从发射车外补给弹药而不用消耗车载弹药。在火炮为非战斗状态时，弹丸传送装置折叠，并固定在炮塔上。而发射装药传送装置则折叠在炮塔内。该炮可进行间瞄射击和直瞄射击（包括在山地条件下和污染环境中进行直瞄射击）。由于采用了自动装填系统，2C-19自行加榴炮的射速也相当高，最大射速可达8发／分。

◇ **中国PLL01型155毫米牵引加榴炮**

我国于20世纪80年代初，在充分吸收了国际上大口径火炮的先进技术后，采用先进的火炮设计理念，本着"自力更生"的方针，结

合我国实际成功研制了PLL01型牵引式155毫米加农榴弹炮，使我国大口径火炮的研制和生产水平达到了一个新的高度。1987年完成技术设计，1988年正式投入批量生产。

该火炮身管长45倍口径，身管采用电渣重熔的炮钢，强度高，自紧处理，寿命可达到2500发全装药弹。可发射155毫米的北约制式弹。射程为底凹榴弹30千米，底排榴弹38.7千米。最大发射速度为4~5发/分，持续发射速度为2发/分。采用气压式输弹机，输弹可靠。高低射界为−3~+72度，方向射界为360度。火炮配有数码显示的瞄准具和瞄准镜，操作方便。炮身行军时可以回转180度，同时又设置了辅助牵引杆，具有良好的通过性。

（1）独特性能

①外弹道性能优异。最大射程一直是火炮的首要战术指标，也是研制工作的主要任务。PLL01型火炮采用45倍口径身管，配用一种远程全膛弹（ERFB），这种弹的弹

丸外形是加大长细比的"枣核"形状，明显地改善了弹丸的空气动力特性和弹道性能，从而使射程达到30千米。其配用的低阻远程全膛底排弹（ERFB/BB），在发射时点燃

度，具有榴弹炮和加农炮的弹道性能。方向射界可达70度（左侧30度、右侧40度），比苏联的M46型130加农炮的50度（左右各25度）大得多，其火力覆盖面积（弹着点

装于弹丸底凹内的药柱，向后排出燃气，减少了弹底大气涡流的负面影响，使最大射程达到39千米。

②火力机动性优越。PLL01型火炮的最大射速为4发/分，持续射速2发/分。其高低射界为 −5～+72

形成的扇形区域）分别为M46型炮的1.8倍（ERFB弹）和3倍（ERFB-BB弹）。

③弹丸威力大。一般155毫米榴弹的TNT炸药填充量在6千克左右，而PLL01火炮配用的ERFB榴弹

则可填充8.6千克高能B炸药，因而能产生较多的破片数和较高的破片飞行速度，提高了榴弹的有效杀伤面积。

④地面机动性较好。一般火炮设有弹簧类的行军缓冲装置，来减轻在车辆牵引通过复杂地形时产生的剧烈震动，但仍难避免在恶劣地面条件下火炮的大幅度跳动和摇摆，造成零部件的损毁。PLL01型火炮则有装在下架两侧的可沿轴自由摆动的平衡梁以及装在左右平衡梁上的一对车轮组成的缓冲装

置，在火炮行军遇到不平地面时，由于平衡梁的摆动，可保持经常有车轮与地面接触，即使火炮在高速运动时，也大大排除了所有车轮跳离地面的可能，因而保证了火炮行军的平稳性和在恶劣地段对行军速度的过分限制。

（2）结构特征

除了独特的性能特点，PLL01型155毫米加农榴弹炮结构特征同样也很有特点：

①PLL01型火炮从外形上看非常简洁，采用开架式大架结构，其全部结

战场上的火力骨干 火炮

☆☆☆

构件由高强度合金钢制造，并设置有气压式输弹机，液压式主、副座盘等部件，因而有利于减轻全炮重量，便于人工操作，同时可保证火炮射击所必需的稳定性。

②该炮有45倍口径长的身管，采用精炼电渣重熔钢毛坯，具有较高的强度，经过自紧处理的身管提高了抗疲劳强度，可降低内膛磨损，提高了身管的使用寿命。炮身内膛结构按北约标准制造，可以发射北约通用的弹药。身管膛线到距炮口端面12.7毫米处终止，将炮口部加工成无膛线的圆筒形，以消除破裂和变形。

③炮闩采用螺式结构，其最大特点是实现了开闩半自动化。

④该炮在射击时由气压式输弹机来完成弹丸向炮膛内的输送，以提高弹丸装填的速度。气动输弹机和输弹盘装在与炮尾连接的支架上，整个输弹机构可随火炮起落运动，能在任意射角上提供均匀稳定的输弹力。输弹机构的能源由一个装在左大架上的高压气瓶通过管路

166

提供，气压可调。

⑤该炮在反后坐机构中设置有变后坐装置，目的是为使火炮在低射角射击时后坐部分长后坐，使炮架有较好的稳定性；高射角射击时后坐部分短后坐，使其不与地面撞击造成损坏。

⑥火炮的刹车系统有手制动和气压制动，它们配合操作可实现火炮与牵引车同时制动，避免因火炮制动滞后撞击牵引车；系统始终处于充气待机状态，使炮车在下长坡时也能连续制动；车炮解除制动时，可保证动作同步，避免因火炮解除滞后而发生的抱死或拖带问题。该炮还采用一种转向联动机构，可以保证在行军转向时火炮炮轮与牵引车车轮趋于同一轨迹，因为如果在转向时车轮与炮轮在地面走的转弯半径不同，就要求路面宽

度足够大，直接对火炮的通过性能造成极为不利的影响。有了这个机构后，就大幅度改善了火炮通过桥梁、涵洞、弯道乃至农村小路的性能。

⑦装有两套行军固定装置，如只作短途行军或阵地局部转移时，带炮身的火炮回转部分可处于射击方向固定于架体上牵引；在长途行军时，火炮回转部分则沿下架旋转180度，而将炮身支撑固定在大架上，使火炮呈"折叠状态"牵引，这样既增强了行军时的火炮整体刚度，又大大缩短了火炮行军长度（由13.5米减为9米），大幅度提高了行军的通过性能。用10吨卡车牵引，在一级公路路面上最大行驶速度可达90千米/小时，这远远超过了

同口径系列的其他火炮。

⑧瞄准系统由高低机、方向机和平衡机组成，赋予火炮射角、射界。瞄准装置由一套四位数字数码显示型的瞄准具、周视瞄准镜、照明具和标定器等器件组成。火控系统采用先进的军用微机和软件技术，配备有可用于连、营级火力定向和射击的指挥系统，实现了炮兵作业现代化。

（3）五种弹丸

PLL01型155毫米加农榴弹炮配有5种弹丸和3种引信，4种发射装药，7个装药号，以下对这五种弹丸的简单描述：

①低阻远程全膛榴弹（ERFB/HE）重45.54千克，内装B炸药8.6千克。弹形细长，外形流线型极好，其特征是上定心部以4片焊于弹体上的定心舵片代替；底部为凹

形，使全弹重心前移，增加了弹丸飞行稳定性。由于弹丸的飞行阻力小，在同样初速条件下，比普通榴弹增程在12%以上。由于弹丸弹壁薄、装药量大、爆炸破片多，所以杀伤面积大，其爆炸威力约为美国M107榴弹的3倍。

②低阻远程全膛底排榴弹（ERFB–BB/HE）重47.6千克，弹头部与ERFB/HE弹相同，弹尾部则将凹形船尾改为底部排气装置。在弹丸飞行时，燃气从弹底排出，不断填充弹底低压涡流区，从而大幅度降低弹底阻力，使弹体总阻力下降，增程率达30%。

③低阻远程全膛发烟弹（ERFB/SMOKE–BE）重45.7千克，采用底抛式结构，发烟时间长，烟幕效果好。

④低阻远程全膛照明弹（ERFB/1LL）重45.2千克，采用两次抛射机构，改善开伞条件。用钠盐照明剂，与钡盐比较，发光强度及燃烧时间均提高一倍左右。

⑤低阻远程全膛黄磷弹（ERFB/WP）重47.7千克，弹丸飞到落点后，引信引爆扩爆药柱，将弹体炸开，使弹内黄磷抛散在空中，与空气中的氧及水反应生成烟云，起掩蔽、燃烧和目标指示作用。

　　（4）发展趋势

　　美国国防部主办的《陆军时代》针对中国陆军自行火炮开始向"国际主流"155毫米口径发展的趋势做出了评论。美国认为中国兵器工业集团为了更好的适合国际市场需要，将逐步发展与国际自行火炮市场相吻合的155毫米口径自行火炮。

　　中国北方（兵器）工业总公司（NORINCO）成功研制了155毫米/52口径的轮式自行火炮。这种被称作SH1型轮式自行火炮，是该集团公司自2002年开始开发制造的，他们已经制造了两种规格不同的火炮，其中一种已经开始试生产。

　　根据该公司在国际武器交流博览会（阿布扎比）上的资料介绍与讲解，SH1型轮式自行火炮，主要可以搭乘5名成员，以北方集团重型车辆制造公司的重型载重汽车为

底盘研制而成。车辆尾部安装有1门155毫米身管52倍口径的火炮。

该火炮战斗全重约22吨。一次可以配置20发×155毫米的弹药作为该火炮的基础弹药基数。采用火箭助推增程弹，最大射程可以达到52公里。较之该公司早期PZL04履带式155毫米自行火炮，增加了2公里。北方公司在此次改进了其自动装填系统，首先是减少了它的2次射击补充时间。其次减少了搭载人员的工作强度，延续了作战状态。可以达到10发/分钟的极高发射效率。

中国北方（兵器）工业总公司对SH1型轮式自行火炮实施了大规模的观测与控制发射系统的改良工作。以光纤寻北仪附加GPS卫星导航系统，取代了早期该公司产品的简易型无线电前线/后方指令接收传到系统。而这些手段全部组合在该公司最新研制的解算弹道计算机系统中。形成了一套更加完善的火炮火力发射控制系统。因此SH1的射击精度准确率大为提高。在该公司早期产品中，PLZ04自行火炮在科威特进行的装备试验发射中，射击解算诸源能力不足，导致火炮射击精度不足的缺陷，目前来看已经得

到了改善。

　　车体安置了全新设计的可以升降的大型液压助锄铲，可以最大限度减少由于高速后坐力，而产生的车体扰动震荡，影响火炮的准确精度。该火炮系统是中国北方公司，研制的具有一种较为完善的综合发射/控制信息火炮平台。

　　车体采用6×6轮式重型军用越野车底盘。这是中国北方工业集团自行研制的军用重型越野车辆。它具有很高的越野机动性能。它的最大公路时速90/小时。为了减少意外以及战损紧急处理。采用了中央轮胎压力控制系统。驾驶人员

☆☆☆

可以根据不同变化，使用车内轮胎气压调整机制，来有效的控制。该车为火炮系统配置了双排电池系统。已提供给车载火炮发射/控制，信息传输系统等使用。

北方工业公司是一家"民营"企业机构，虽然是并不完全隶属于解放军原有的军事工业体系，但是该公司近年来很多的产品，特别是陆军装甲车辆系统引起了解放军很大的兴趣。

PZL05自行火炮系统，也是中国北方工业集团制造的中国陆军产品。在中国北京举办的"我们的部队向太阳"的军事展览会上，中国展出了这种火炮。它的外观与德国2000系列自行火炮有很大的相似之处。装备有GPS定位系统，弹道解算计算机。周视观测系统。很明显是在原有的04基础上改进的，但是，它的武器系统控制化程度更加精确与紧凑。较之早期产品，完全

形成了火力控制与打击系统。它也可以使用火箭增程弹药，最大射程可以达到50公里。在其炮塔后部安装有后部自动弹药滚动输送系统。这是中国吸取了德国的设计后演化而来的。

　　虽然解放军拥有完善的152毫米炮弹制造体系系统，但目前世界武器市场中，这种前苏联自行独特标准的口径，虽然前苏联火炮系统在海外不断减少，很难再得到青睐。而中国国防工业

体系也正在逐步走向国际化武器市场。因此，中国未来必须根据这个市场的最新需求，来调整自身内部

军事工业似乎从中得到了很好的启示。同时为了更好的策应中国军事工业的调整，解放军军方装备高层，也在做出相应的调整计划。早期装备的诸多老式前苏联152毫米火炮系列产品，将可能会逐步退出，作为补充的将是以国际化统一标准的155毫米，203毫米火炮来取代。这样中国可以在成品生产与制造研发上减少多个环节流程。同时极大的减少了他们的装备列装的成本，为解放军陆军目前原本不多的发展拨款

军队装备结构。这样中国自行制造的155毫米自行火炮才能够更好地依托他们本国军方巨大的市场，并将其作为争夺国际市场的前提。

中国曾经对科威特出口了大约50套PLZ04自行火炮系统，中国

经费，做到最大的节省。目前解放军陆军已经开始小批量接收全新的155毫米PZL05型自行火炮。而04型由于未能达到解放军军方要求，仅有很少量试验批次进入解放军军队。

◇ **中国SH1型155毫米车载火炮**

SH1是中国北方工业总公司为开拓国际市场而研制的一种轻型自行火炮，其研制工作始于2002年，并在2007年举行的阿布扎比国际武器展上首次亮相。

SH1型火炮系统的主要武器为1门155毫米身管52倍口径的榴弹炮，可发射北方工业总公司生产的各型155毫米口径弹药，其中包括：爆破弹、火箭助推增程弹（中国方面宣布

该炮还可发射各种型号的北约制式155毫米炮弹，弹药基数为20发，最高发射速度为10发/分钟。SH1系统的辅助武器为1挺12.7毫米口径的QJC-88型高射机枪，安装在驾驶室上方。

的最大射程为53千米）和基于俄罗斯"红土地"152毫米炮弹研制的激光半主动制导炮弹。除此之外，

该火炮配备有较强越野能力的66汽车底盘，具有很高的机动性能。由于采用了66轮式越野汽车底盘，SH1系统在公路上的最高行驶

速度可达90千米/小时，并且可克服垂直高度为1.2米的障碍。其发动机安装在车体前部，5名乘员所在的驾驶舱配备有可抵御轻武器子弹和小弹片的装甲板。SH1系统全重为22吨，明显低于履带式自行火炮系统。

SH1配备有更为完善的指挥、控制和制导系统，其中，制导装置以光纤寻北仪附加GPS卫星导航系统构成，定位更为精确。其所配车体安装有经过全新设计的大型液压助锄铲，可最大限度减少由于高速后坐力而产生的车体震动，提高火炮的射击精度。由于全

部采用模块化设计，因此SH1系统非常容易进行维护和升级。同时，车载通信系统使火炮系统能够被连接到连级或营级火炮单位的C4ISR网络之中，实现信息分享，自动化指挥和控制。

◇ **中国SH2型122毫米车载榴弹炮**

中国轻型122毫米车载榴弹炮是自主开发研制，具有完全自主知识产权的新型武器装备。该炮在研制过程中突出解决了总体优化设计、车炮一体化和轻量化、高效能防护、射击稳定性、底盘四轮转向、火控与信息系统综合集成等多项关键技术，代表了轻型车载炮的发展方向。

现代战争正由机械化战争向以高科技为主要特征的信息化战争转变，军队的信息化作战能力对赢得战争胜利具有越来越大的影响。作为陆军的主要力量，地面压制火炮仍是未来地面战场上的主要武器装备之一，是最终占领敌方区域并取得战争胜利的有力保证。

传统牵引式火炮在战场上的机动能力差，几乎没有越野能力，生存能力低，即使进行信息化改造也难以适应高技术条件下的信息化战争，何况还有"机械化"障碍。自

行火炮（包括履带式及轮式有装甲车体和炮塔的自行火炮）虽然越野能力强，机动性能好，但战略机动性能差，沿既有交通公路网机动的能力也不尽如人意，加上价格昂贵，全寿命使用费用高，即使是经济强国和军事大国也难以大量装备。美国最终停止了研制多年的"十字军战士"履带式自行榴弹炮的发展计划，采购价格过高和系统重量太大是其中的重要原因。

19世纪90年代法国研制出"恺撒"155毫米车载式自行火炮，诞生了"火炮与汽车结合"的车载炮。这种自行火炮，新

颖而巧妙地将车、炮"合二为一"，在实现了火炮机动性的同时，为信息化提供了优良的载体，同时满足了武器装备的机械

化、信息化两个性能，具有较强的战略机动性和沿既有道路长途奔袭的机动性，而且价格低廉。

该炮使用方便快捷，行军/战斗转换时间仅为45～50秒，行军转战斗-发射6发炮弹-战斗转行军可在2分钟以内完成，打了就跑，大大提高了战场生存能力。

（1）结构特点

①轻型122毫米车载榴弹炮具有宽敞舒适的驾驶室。内部仪表板、火控设备、控制面板等根据室内空间进行了合理布置和优化设计。驾驶室左右各设置两个侧门，前面两个供驾驶员和炮长出入，后面两个供三位炮手出入，乘员进出方便。车窗玻璃均可防火炮射击时产生的冲击波。驾驶室内部装有暖通和空调，具有良好的热区和寒区乘员舒适性。

②底盘系统以高机动越野车为基础，以底盘与火炮系统一体化设计方法设计制造。非独立悬挂的前、中、后三桥均为门式桥，全时6×6驱动，最小离地间隙400毫

米，发动机功率160千米。传动箱是变速、分动一体式结构。采用对开式车轮，中央充放气系统，前后轴四轮转向。采用一体化设计的高端面框型车架，形成独特的射击支撑结构，有效承受火炮发射时的后坐载荷，火炮射击稳定性优良。

③火力系统基本采用了PL96式122毫米榴弹炮的技术。火控系统由炮长终端、火控计算机、火控操控台、配电箱、捷联惯导、炮控箱、交流驱动设备、方位/高低电机、方位，高低传感器、射角限制器、半自动操纵台、倾角传感器、数传电台、通信控制器、车通设备等组成，并可根据需要重新选配，满足各层次信息化作战需求。

（2）战术技术性能

轻型122毫米车载榴弹炮战斗全重小于11.5吨，可携带24发弹药，乘员4~5人，可实现零度角射击。全炮高度2.95米。公路最大行驶速度可达90千米/小时以上，最大连续行驶里程达到600千米，最大

爬坡度大于60%。由于该炮底盘具有四轮转向系统，使得最小转弯直径不大于13米，大大提高了火炮行驶机动性。该炮发射122毫米制式弹药，可在高低0~70度，方向左右各22.5度范围内射击。发射底凹弹时最大射程达18千米，发射底排弹最大射程为22千米，发射底排火箭增程弹的最大射程可达27千米。发

射底凹弹在最大射程上的地面密集度距离不大于1／300，方向不大于1密位。火炮最大射速6~8发/分。该火炮装备了定位定向导航装置，具有自主作战能力，配置炮长终端、数传电台等综合信息系统，配有火控计算机、伺服控制系统等。有自动、半自动和人工三种作战模式。

　　试验时，该炮系统发射稳定性

好，前后轮转向使转弯半径小。驾驶室抵抗冲击波能力强，爬坡和越野能力优异。该炮总体布置紧凑、功能完备、重量轻、精度高、射速快、反应时间短、机动能力强，具有符合炮兵数字化建设要求的自主作战能力和与机械化部队一致的机动能力，综合性能在国际同类火炮中处于先进水平。